# 建 筑 领 域
# 绿色低碳发展案例

主　编：周海珠　郭振伟　李晓萍
副主编：李以通　陈　晨　魏　兴　张成昱

中国建筑工业出版社

# 本书编委会

主　　编：周海珠　郭振伟　李晓萍

副 主 编：李以通　陈　晨　魏　兴　张成昱

参编人员：张　伟　周立宁　种道坤　李佳玉　刘　晶

　　　　　陈　轲　徐迎春　成雄蕾　郑良基　高志红

　　　　　孙雅辉　范小荣　关　雪　张　淼　程雪皎

　　　　　赵莉莉　刘宏华

# 序

世界气象组织发言人克莱尔·努利斯在 2020 年气候雄心峰会召开前表示，人类正处于所居住星球的一个转折点，当世界各国从新冠肺炎疫情中恢复之际，必须建设更加绿色、更具抵御能力的环境。她强调："大气中的温室气体浓度破纪录，《巴黎协定》通过后的五年是有记录以来最热的五年，气候变化继续对北极产生破坏性影响，难以想象 30 年后北极还能像今天一样。"

近十年来，中国成为世界碳排放量第一大国，碳减排工作潜力巨大。2020年 9 月，国家主席习近平在第七十五届联合国大会上指出，中国将提高国家自主贡献力度，二氧化碳排放力争 2030 年前达到峰值，努力争取 2060 年前实现碳中和。我国是发展中国家中第一个承诺碳排放峰值的国家，并且碳达峰到碳中和时间远短于美国和欧盟国家。

城乡建设领域是国家"双碳"目标实现的最大应用场景。建筑是人民群众工作和生活的主要空间载体，构建城乡建设领域碳达峰碳中和时间表及路线图、推进建筑绿色低碳转型成为国家"双碳"战略全面开展的重要途径。2021 年，中共中央和国务院相继发布了多部碳达峰碳中和工作意见，《关于推动城乡建设绿色发展的意见》明确提出到 2035 年，城乡建设全面实现绿色发展，碳减排水平快速提升，城市和乡村品质全面提升，人居环境更加美好；《关于完整准确全面贯彻新发展理念做好碳达峰碳中和工作的意见》要求提升城乡建设绿色低碳发展质量，包括推进城乡建设和管理模式低碳转型、大力发展节能低碳建筑、加快优化建筑用能结构；国务院关于印发《2030 年前碳达峰行动方案》的通知（国发 2021〔23〕号）提出城乡建设碳达峰行动，包括推进城乡建设绿色低碳转型、加快提升建筑能效水平、加快优化建筑用能结构、推进农村建设和用能低碳转型。

我国全社会碳排放主要来自能源、工业、交通和城乡建设四个领域。2019 年我国城乡建设领域总体碳排放占全社会的 40% 左右，建筑运行中使用化石能源产生的直接碳排放约占全社会的 10%，建筑建造及运行中用电、用热产生的间接碳排放约占全社会的 14%，使用建材产生的隐含碳排放约占全社会的 16%。自 2005 年以来，建筑运行碳排放总量呈现持续增长趋势，2019 年达到 20 亿吨左右，其中公共建筑（包含集中供暖）占比 39%、城镇居住建筑（包含集中供暖）占比 43%、农村居住建筑占比 18%。随着我国经济总量的快速增长以及人民日益增长的美好生活需求，建筑领域碳达峰碳中和形势十分严峻。

根据我国国情和建筑用能特点，建筑领域四大用能分项包括：北方城镇集中供暖、公共建筑（不包括城镇集中供暖）、城镇住宅（不包括城镇集中供暖）和农村住宅。本研究在全国范围内筛选四大用能分项中具有绿色低碳发展代表性的热电联产及分布式热泵项目、被动式超低能耗项目、装配式农宅等典型优秀案例，基于典型项目关键技术应用及实际效果，总结提炼不同气候区、不同建筑类型的适宜技术体系。在此基础上构建了不同用能分项、不同发展阶段（2021 ~ 2025 年，2026 ~ 2035 年，2036 ~ 2060 年），包含政策机制、标准规范、技术体系和市场模式等内容的建筑领域绿色低碳发展技术路线图。

本研究涉及内容广、专业多、数据大，加之编写时间紧张，仍然有一些不足之处，广大读者的任何建议都是对我们莫大的支持和鼓励。相信本书的出版将推动我国城乡建设领域碳达峰碳中和目标实现，为我国建筑领域高质量发展作出贡献。

# 前　言

在全球能源资源紧张、我国城市建设现代化进程不断加快、城市化水平不断提高的背景下，国家主席习近平在2020年召开的第七十五届联合国大会上庄严承诺：中国的二氧化碳排放力争于2030年前达到峰值，努力争取2060年前实现碳中和。这一行动彰显了我国在应对气候变化、控制碳排放、走绿色低碳发展道路的坚定决心。

建筑领域是社会能源消耗的重点领域之一，"双碳目标"对建筑领域的绿色低碳发展提出了更高要求，建筑领域的低碳转型发展尤为迫切。探索建筑领域绿色低碳发展模式、研究绿色低碳发展技术路线，是建筑领域落实碳减排、碳达峰战略的必由之路，也是推进建筑领域可持续发展的必然选择。

关于建筑领域的低碳发展我们一直在探索，为进一步论证建筑绿色低碳发展的可实现性及实现途径，我们筛选出优秀实践案例和大家分享交流，并汇编成《建筑领域绿色低碳发展案例》一书。为保证本书收录的案例具有代表性，最大限度地展现相关领域的发展现状，我们遵循以下原则进行优秀案例的筛选工作：1. 建筑已完工并投入稳定运行，且使用者或住户对建筑的运行效果整体满意；2. 采用了目前国内同类节能技术中较好的主动式或被动式技术。每个案例都考察所有技术集成后的室内环境控制效果及综合能耗水平，避免节能技术的无效堆砌。

本书按照四个用能分项将案例分类为四部分：公共建筑优秀案例、城镇住宅优秀案例、农村住宅优秀案例、北方供暖优秀案例，旨在通过展示不同地区、不同类型建筑的节能技术应用情况，分析各建筑在节能技术的作用下带来的室内环境控制及节能降碳效果，为我国建筑领域绿色低碳发展提供技术支持。

公共建筑优秀案例：主要介绍了11个优秀工程案例，所选案例分布于全国7个省市和3个气候区，涉及办公建筑、商业建筑、旅馆建筑和交通建筑多个建筑类型，为未来新建建筑建设、既有建筑能效提升改造、建筑运维模式的选择提供了重要参考。

城镇住宅优秀案例：主要介绍了6个优秀工程案例，所选案例分布全国6个省市和3个气候区。涵盖普通住宅、绿色建筑、超低能耗建筑、被动式建筑、健康建筑等多个领域，体现出加强被动式设计、降低环境营造能耗的发展趋势，倡导绿色生活方式是城镇住宅建筑领域实现碳中和的有效途径。

农村住宅优秀案例：主要介绍了 4 个优秀工程案例，所选案例分布全国 3 个省市和严寒寒冷气候区。包含兼具住宅、办公、展示功能的示范性建筑，目的为展示最新绿色农宅技术和发展方向；也包含新建或节能改造的一般农宅，展现出在有限的经济和环境条件下，可广泛普及的节能低碳措施。

北方供暖优秀案例：主要介绍了 6 个优秀工程案例，所选案例分布全国 3 个省市和 2 个气候区。包括传统燃煤锅炉、热电联产、地热等热源形式，同时也包含了积极推广的各类清洁供暖类型。所选案例既有传统热源形式，又体现了清洁、高效、低碳的未来发展方向，无论是对于新建项目，还是既有项目的低碳转型改造，都具有一定的参考价值。

本书凝聚了所有参编人员的智慧，非常感谢各位的辛苦付出，同时感谢本书各案例的建设参与方。由于时间、人力、物力有限，所选案例仅代表我们取得联系的众多案例中较好的一部分，我国各地一定还有大量优秀的工程案例没有被收录书中。另外，由于本书编者的水平有限，书中难免会有疏漏或不当之处，恳请广大读者及时批评指正。最后，希望业界相关人士可以持续以饱满的热情，创造优秀的工程案例，真正实现建筑的绿色低碳发展，共同完成我国的节能降碳目标。

本书的出版受"十三五"国家重点研发计划课题"绿色低碳发展技术路线应用及案例分析"（2018YFC0704406）资助，特此鸣谢。

本书编委会
2022 年 7 月

# 目 录

一

# 公共建筑优秀案例

# 1 天津安捷物联大厦

何青　徐林瑞

天津安捷物联科技股份有限公司

## 1.1 项目简介

天津安捷物联大厦位于天津市西青区华苑产业区海泰发展大道 6 号，地处华科五路与海泰大道交叉口。该项目于 2018 年竣工，2019 年 1 月 20 日正式启用，地上 5 层，地下 1 层，建筑面积 17679.6m$^2$，建筑高度 27.3m，如图 1.1 所示。建筑的主要功能为办公，建筑的首层为前厅、健身房、展示中心等，二层及以上主要为办公室、会议室等。本项目荣获 2020 年"海河杯"天津市优秀勘察设计建筑工程公建一等奖、三星级绿色建筑运行标识，是天津市第一家获 BSI（英国标准协会）碳中和认证企业。

安捷物联大厦形体规整紧凑（图 1.1），核心中庭封闭，以便在相同体积下围护结构总面积最小，借助体形系数减少室内外传热。对于内部空间，本项目通过空间设计实现智能的开敞办公通透漫射光场景，最大限度地利用天然采光与自然通风，有效降低建筑能耗水平。该项目设计目标是打造一个高品质的舒适空间，让办公人员可以体验到高效的现代感和舒适的工作环境，同时最大限度地实现节能减排。

图 1.1　安捷物联大厦

# 1.2　低碳节能技术

为推动能源体系绿色低碳转型，本项目坚持被动节能优先，提升可再生能源利用比例。图1.2展示了本项目采用的经济高效的低碳节能技术措施。

| 被动式节能技术 | 主动式节能技术 | 节能高效运行策略 |
| --- | --- | --- |
| 1. 高性能围护结构<br>2. 天然采光及遮阳技术 | 1. 高效空调技术<br>2. 太阳能利用技术<br>3. 高效运维技术 | 节能低碳的夏季、冬季、过渡季运行策略 |

图1.2　低碳节能技术

## 1.2.1　被动式节能技术

1）高性能围护结构

建筑外墙采用砂加气自保温砌块，外表面采用高弹丙烯酸涂料，该涂料以纯丙烯酸酯共聚物或纯丙烯酸酯乳液为主，加入适量优质填料、助剂配置而成，在 −30 ~ 80℃范围内能够保持稳定的性能，延展性好，能够适应基面一定程度的开裂变形，传热系数为 $0.15W/（m^2 \cdot K）$。建筑屋面采用 100mm 岩棉板保温层，导热系数小、吸声系数大、吸湿性良好、强度高，屋顶还设有绿植花园以达到生态隔热节能的目的，传热系数为 $0.14W/（m^2 \cdot K）$。建筑外窗采用中空双层安全玻璃，在保证隔热的同时具有良好的气密性、水密性、抗风压性，传热系数为 $1.0W/（m^2 \cdot K）$，均满足《绿色建筑评价标准》GB/T 50378—2019 中，对三星级绿色建筑围护结构热工性能提高20%，外窗传热系数降低20%的要求。建筑外围护结构施工如图1.3所示。

图1.3　项目外围护结构施工

2）天然采光及活动外遮阳技术

本项目注重天然采光设计，不仅外墙大面积采用全玻璃幕墙，还在屋顶设置 46 组天窗，天窗面积 $1200m^2$，占比 30%。天窗的设置有助于自然光投入室内，增强空气流通性，改善室内的风环境、光环境、热湿环境，提升室内环境品质和人员满意度。同时，考虑到夏季太阳辐射强度较大，在屋顶中部设置了中庭，

图 1.4 天窗外遮阳板（左）和中庭室内效果（右）

中庭顶部设置可活动的遮阳系统以降低建筑能耗，如图 1.4 所示。寒冷季节可将遮阳系统完全打开。这种遮阳系统形式灵活，使用科学合理，近年来在国内外建筑中应用较广泛。

### 1.2.2 主动式节能技术

1）高效空调技术

本项目的空调系统采用地源热泵和水蓄能作为冷热源，末端采用温湿度独立控制，为地板辐射系统结合双冷源新风机组，系统流程如图 1.5 所示。系统运行具有无形、无声、无风的特点，同时兼具较高的室内舒适度和较低的运行能耗。

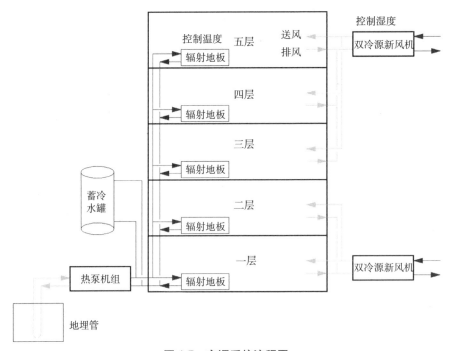

图 1.5 空调系统流程图

系统地源热泵有两种模式，分别是模块主机 A（3 台，单模块制冷量 89kW）和模块主机 B（5 台，单模块制热量 91kW），以适应系统不同的工况温度，冷热源机房如图 1.6 所示。热泵地埋管共有 148 口井，井深 130m，系统冬季从土壤提取热量，夏季把建筑的热量又存入地下，土壤提供了一个很好的免费能量存贮源泉，实现了能量的季节转换。此外，在夏季夜间，开启水蓄能系统，利用峰谷电价差降低电费。

传统的空调系统是温湿度联合控制系统，冷源温度低且经常对除湿后的空气再加热，造成巨大的能源浪费。温湿度独立控制空调系统，末端为显热处理装置，可采用干式风机盘管、辐射板等多种形式，辐射板末端的室内舒适性较好，近几年在国内外得到快速发展。尽管温湿度独立控制空调系统具有低能耗、高舒适性的明显优势，但系统在实际运行过程中依然存在结露等问题。结露主要发生在空调系统刚启动、室内空气露点温度较高、门窗开启、室内湿负荷突增等情况下。项目通过设计合理的运行策略，有效减少了结露问题的发生。

项目的空调系统末端采用了薄型辐射地板结合独立新风系统。为使辐射地板提供的冷热量能够满足室内冷热负荷的基本要求，同时尽量降低能耗，项目在设计施工时充分协调各方，将各层办公室的地板辐射末端加密铺设，安装间距 50mm，如图 1.7 所示，在增加有限初投资的情况下取得了更高的供冷效率。会客室、会议室等个别不常用的房间采用 VRV 空调系统，可在需要时独立开启，进一步降低建筑能耗。

图 1.6　冷热源机房　　　　　　　　图 1.7　地板末端辐射

新风系统采用双冷源新风机组，项目共配备了 6 台，每台额定风量为 11000m³/h。一、二层采用直流式双冷源新风机组，放置于地下一层设备机房；三至五层采用双冷源热回收式新风机组，设于屋面机房内。双冷源新风机具备低耗预冷、深度除湿和免费再热的功能，避免低温送风对人体造成的不适和能源浪费。

2）太阳能利用技术

项目充分利用太阳能资源，在屋顶设置太阳能光热系统和光电系统。光热系统采用带自动向阳追踪功能的太阳能槽式集热器，总集热面积 371.25m²，光热系统提供的生活热水不仅能够满足建筑全年的生活热水供应，剩余的热量还可以通过直供末端设备或蓄能罐储存起来，减少在日照不充分时其他能源如电能的使用。太阳能光伏板的装机容量为 42kW，光电转换的电能主要用于室内照明。太阳能槽式集热器和太阳能光伏板如图 1.8 所示。

图 1.8　太阳能槽式集热器（左）和太阳能光伏板（右）

3）高效运维技术

项目结合大数据、云计算、人工智能等技术自主研发了物联网管控平台，其界面如图 1.9 所示。通过利用先进的传感器和应用程序，将能源生产端、能源传输端、能源消费端的各项设备连接起来。该平台通过整合运行、气象、电网、市场等数据，进行大数据分析，优化能源生产端和能源消费端的运作效率，动态调整能源的需求和供应，使二者可以随时匹配，如图 1.10 所示。

通过使用该物联网管控平台，项目在运行阶段可以降低能耗 20% 以上，节约各种设备运维成本 50% 以上。

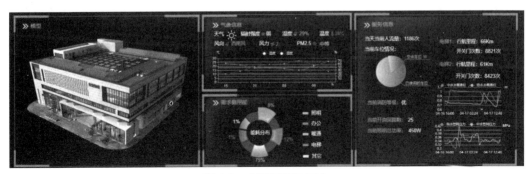

图 1.9　物联网管控平台

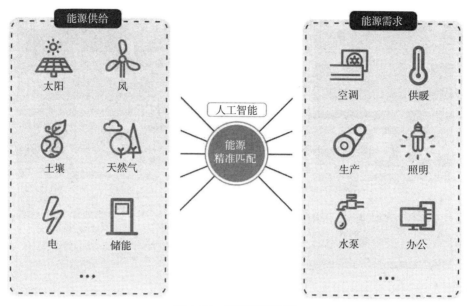

图 1.10　能源精准匹配

### 1.2.3　节能高效运行策略

为降低建筑运行能耗，项目在不同季节采用不同的优化控制策略。

1）夏季运行策略

夏季空调系统包括两种运行策略：初夏（通常为 5 月中旬至 6 月中旬）和夏末（通常为 8 月下旬至 9 月中旬）空调负荷需求不大时，以及炎夏时期空调负荷较大时。夏季运行策略如表 1.1 所示。

夏季空调运行策略　　　　　　　　　　　　　　　　　　表 1.1

| 阶段 | | 初夏和夏末 | 炎夏 | |
|---|---|---|---|---|
| | | | 高温高湿 | 极热 |
| 冷源 | | 地源热泵 | 地源热泵机组 + 水蓄能槽 | 地源热泵机组 + 水蓄能槽 |
| 空调末端 | | 地板辐射 + 新风机组 | 地板辐射 + 新风机组 | |
| 运行策略 | 夜间 | 地源热泵自然冷源 | 夜间地源热泵向水蓄能槽蓄冷 | 同时开启水蓄能槽和热泵机组向地板辐射末端及新风机组供冷 |
| | 白天 | | 上班前 2h 地源热泵免费预冷；2h 后，地源热泵向地板辐射末端供冷，水蓄能槽供至新风机组 | |

2）冬季运行策略

冬季运行策略按负荷需求分为两种模式：初冬和冬末供暖负荷较低时，以及寒冬负荷较大时，冬季运行策略如表 1.2 所示。

冬季空调运行策略　　　　　　　　　　　　　　　　　　　　表 1.2

| 阶段 | | 初冬和冬末 | 寒冬 |
|---|---|---|---|
| 冷源 | | 地源热泵机组 + 太阳能 + 水蓄能槽 | 地源热泵机组 + 水蓄能槽 |
| 空调末端 | | 地板辐射 + 新风机组 | 地板辐射 + 新风机组 |
| 运行策略 | 夜间 | 热泵机组向水蓄能槽蓄热 | 低谷电前半段，热泵机组向水蓄能槽蓄热，后半段热泵机组向水蓄能槽蓄热的同时向地板辐射末端预热 |
| | 白天无阳光时 | 水蓄能槽中的热量向地板辐射末端和新风机组供热。不足时地源热泵机组直接向辐射末端和新风机组供热 | 水蓄能槽储存的热量向地板辐射末端和新风机组供热，不足部分由地源热泵主机直接向辐射末端和新风机组供热 |
| | 白天有阳光时 | 太阳能向辐射末端和新风机组供热，多余热量向水蓄能槽蓄热 | 优先利用太阳能直供地板辐射末端和新风机组，不足部分由水蓄能槽储存的热量进行补充，再不足时，利用地源热泵主机直接向辐射末端和新风机组供热 |

3）过渡季运行策略

过渡季运行策略优先使用免费冷源，春季利用冷却塔向地埋管蓄冷，秋季利用太阳能向地埋管蓄热，维持地下土壤的冷热平衡。

# 1.3　运行效果分析

## 1.3.1　室内环境分析

1）室内热湿环境

室内环境全年监测时间为 2020 年 1 月 13 日 ~ 2021 年 1 月 12 日，典型房间全年温湿度分布情况如图 1.11 所示。可见，全年室内温度波动较小，室内温度平均值为 24.5℃，最大值、最小值分别为 27.3℃、20.8℃；室内相对湿度波动较大，且供冷季的波动大于供暖季，相对湿度的平均值为 47.5%，最大值、最小值分别为 86.2%、20.0%。

根据空调系统实际运行和机组开启情况，界定供冷季为 2020 年 6 月 1 日 ~ 2020 年 9 月 30 日，供暖季为 2020 年 1 月 13 日 ~ 2020 年 3 月 31 日及 2020 年 11 月 1 日 ~ 2021 年 1 月 12 日，其余时间为过渡季。

（1）供冷季

项目建立了建筑室内环境实时监测和运营管理系统，提取监测平台 2020 年供冷季的室内参数进行分析。如图 1.12 所示，供冷季室内温度平均为 24.6℃，最大值为 26.4℃，最小值为 23.3℃；相对湿度平均为 68.3%，最大值和

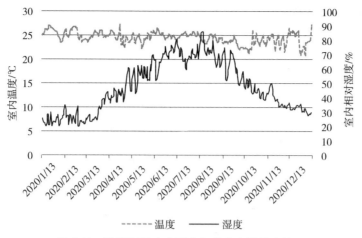

图 1.11 监测时间内典型房间的室内温湿度情况

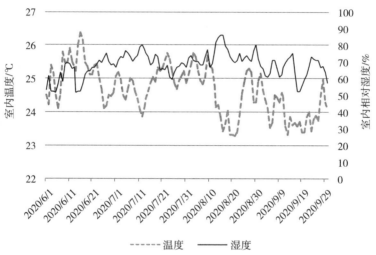

图 1.12 供冷季室内温湿度日均值

最小值分别为 86.2% 和 51.4%。

　《民用建筑供暖通风与空气调节设计规范》GB 50736—2012 对供冷工况 I 级舒适度的要求为温度 24 ~ 26℃，湿度 40% ~ 60%，对 II 级舒适度的要求为满足 26 ~ 28℃，湿度 ≤ 70%。项目 2020 年供冷季监测期共 122d。室温达标率总体为 88.9%，分别有 105d 和 3d 能够达到的 I 级和 II 级室内舒适度要求，分别占比 86.4% 和 2.5%，其余时间未达标的原因主要是室内温度过低。供冷季室内温湿度达标情况如图 1.13 所示。

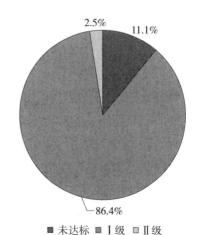

图 1.13 供冷季室内温湿度达标情况

由此可知，安捷物联大厦空调系统在 2020 年供冷季存在一定程度的过度供冷问题。究其原因，是项目采用的温湿度独立控制空调系统。地板辐射末端分布于各个房间，通过辐射给室内人员带来最直接的降温感受。

（2）供暖季

提取监测平台 2020 ～ 2021 年供暖季的室内参数进行分析。室内温湿度变化情况如图 1.14 所示，供暖季室内温度平均值为 24.0℃，最大值为 27.1℃，最小值为 20.8℃；相对湿度平均值为 36.0%，最大值和最小值分别为 50.3% 和 27.8%。

《民用建筑供暖通风与空气调节设计规范》GB 50736—2012 对供热工况的 Ⅰ 级舒适度要求为温度 22 ～ 24℃，湿度 ≥ 30%，对 Ⅱ 级舒适度要求为温度 18 ～ 22℃。项目供暖季监测期共 152d，室温达标率总体为 89%，分别有

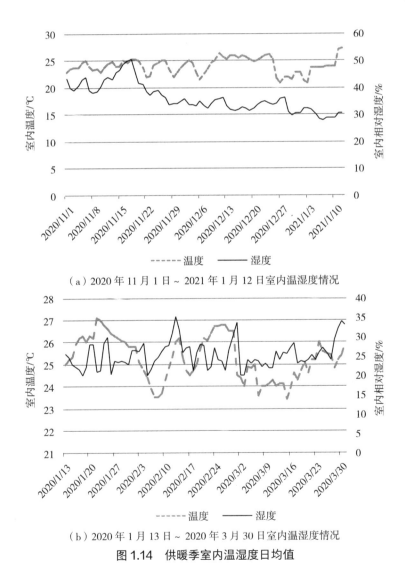

（a）2020 年 11 月 1 日 ～ 2021 年 1 月 12 日室内温湿度情况

（b）2020 年 1 月 13 日 ～ 2020 年 3 月 30 日室内温湿度情况

**图 1.14 供暖季室内温湿度日均值**

125d 和 10d 达到Ⅰ级和Ⅱ级舒适度要求，分别占比 82.4% 和 6.6%，其余时间未达标的原因主要是室内温度过高。由此可知，安捷物联大厦在 2020 ~ 2021 年供暖季存在过度供暖的情况。供暖季室内温湿度达标情况如图 1.15 所示。

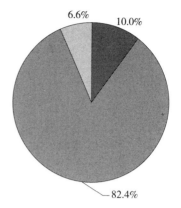

研究表明，室内人员主观期望的供暖季室内温度普遍大于标准限值。换言之，过度供暖虽然增加了能耗，但可能会提高室内人员的满意度，体现出建筑环境领域节能与舒适相矛盾的共性问题。从我国北方冬季供暖总体上来看，

图 1.15　供暖季室内温湿度达标情况

无论是居住建筑还是公共建筑，室内人员往往倾向于高于客观标准的室内温度，建筑能耗受人员行为和意识的影响程度较大。

2）室内 $CO_2$、$PM_{2.5}$ 浓度

根据监测期的连续监测数据，典型房间 $CO_2$ 浓度的变化如图 1.16 所示，日均值的平均值为 517ppm，最大值为 737ppm，最小值为 400ppm，全部时间满足《室内空气质量标准》GB/T 18883—2002 规定的 1000ppm 的限值要求。室内典型房间 $PM_{2.5}$ 浓度日均值在监测期内的平均值为 $38\mu g/m^3$，最大值为 $114\mu g/m^3$，最小值为 $5\mu g/m^3$，如图 1.17 所示，其中 188d 达到了《环境空气质量标准》GB 3095—2012 中 24h 均值低于 $35\mu g/m^3$ 的Ⅰ级浓度限值要求，占比 51.4%，336d 达到 $75\mu g/m^3$ 的Ⅱ级浓度限值要求，占比 91.8%。

结果表明，项目对室内 $CO_2$ 浓度的控制效果非常好，说明了室内新风量能够得到充足保障，无论是自然通风还是机械送风方式，都保证了 $CO_2$ 浓度没有

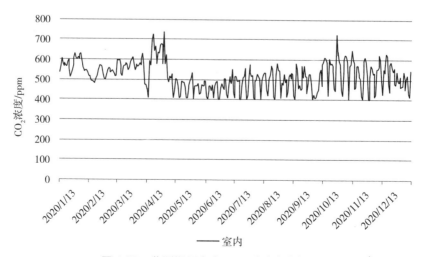

图 1.16　监测期间室内 $CO_2$ 浓度变化情况

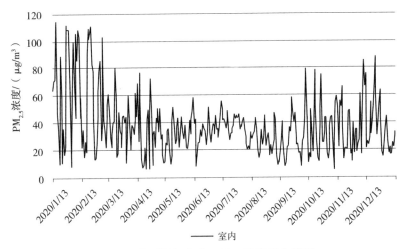

图 1.17　监测期间室内 $PM_{2.5}$ 浓度变化情况

超标。然而，$PM_{2.5}$ 浓度有 8.2% 的时间超出 $75\mu g/m^3$，达到了轻度污染级别，此类情况出现在秋冬季节，尤其是北方集中供暖时期。为此，将 2020 年 11 月 1 日 ~ 2021 年 1 月 12 日期间室内外的 $PM_{2.5}$ 浓度进行对比，如图 1.18 所示，二者变化趋势基本相同，通过相关性分析可得，二者的相关性系数达到 0.93，呈高度正相关。

　　由此可以得出，少数时间室内 $PM_{2.5}$ 浓度超标主要是受室外空气污染影响，雾霾天气导致室内空气品质的下降。新风系统的过滤效率和能力不足也会导致室内 $PM_{2.5}$ 浓度的控制效果较差，新风机组过滤系统日常清理和维护不到位，不仅会导致过滤系统堵塞降低过滤效率，造成室内污染，还会显著增加输配能耗，带来一系列负面影响。

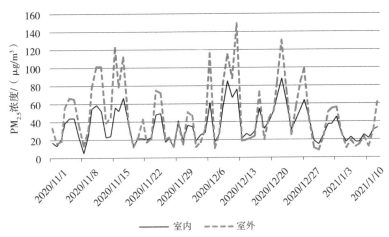

图 1.18　2020 ~ 2021 年供暖季室内外 $PM_{2.5}$ 浓度对比

## 1.3.2　运行能耗分析

安捷物联大厦 2020 年 1 月至 12 月的全年耗电量为 885747.96kWh，单位面积能耗指标为 50.1kWh/（m²·a）。能耗分项包含暖通空调、照明、插座、动力、数据机房共 5 部分，各部分耗电量、用能强度以及占比情况分别如表 1.3 和图 1.19 所示。可以看出，暖通空调耗电量占比最高，其次是插座和数据机房耗电量。

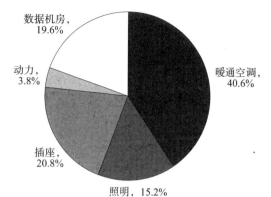

图 1.19　2020 年分项能耗所占比例

2020 全年建筑分项能耗情况　　　　表 1.3

| 用电分项 | 耗电量 /kWh | 能耗指标 /（kWh/m²） |
| --- | --- | --- |
| 暖通空调 | 359613.7 | 20.3 |
| 照明 | 134633.7 | 7.6 |
| 插座 | 184235.6 | 10.4 |
| 动力 | 33658.4 | 2.0 |
| 数据机房 | 173606.6 | 9.8 |
| 合计 | 885747.96 | 50.1 |

《民用建筑能耗标准》GB/T 51161—2016 中对寒冷地区 B 类商业办公建筑能耗指标的约束值为 80kWh/（m²·a），引导值为 60kWh/（m²·a），本项目为 50.1kWh/（m²·a），低于引导值 16.5%。2020 年逐月分项能耗情况如图 1.20 所示，

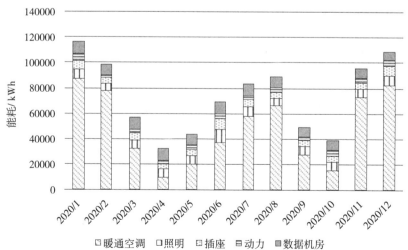

图 1.20　2020 年逐月分项能耗

可以看出，供冷季的能耗峰值出现在 8 月，而供暖季的峰值出现在 1 月，符合天津市的室外气象参数变化特点。由于地源热泵系统的自然供冷运行策略，5 月和 9 月的能耗非常低。

本项目 2020 年耗电量为 885747.96kWh，根据国家发改委发布的《2011 年和 2012 年中国区域电网平均 $CO_2$ 排放因子》，华北区域电网的平均 $CO_2$ 排放因子为 0.8843kg $CO_2$/kWh，经换算，本项目 2020 年运营产生 783.27 t $CO_2$，单位面积碳排放为 44.30kg $CO_2$/m$^2$。

### 1.3.3 室内环境与能耗关联性分析

1）供冷季

本项目在 2020 年供冷季的逐日空调能耗和室内、室外温度情况如图 1.21 所示。室外最高日均温度为 29.4℃，最低为 13.7℃，平均值为 23.7℃。

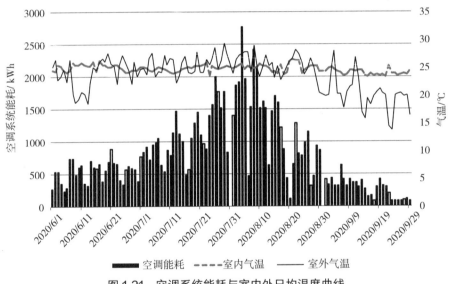

图 1.21 空调系统能耗与室内外日均温度曲线

根据 1.3.1 节中供冷季的室内温湿度分析结果，室内存在温度过低而湿度过高的情况，因此对未达标时间与达标时间内的逐日能耗进行对比分析。以室内温度舒适等级来划分，共分为 3 级，结果如表 1.4 和图 1.22 所示，总体趋势为室内温度越低，能耗越高。目前夏季空调室内推荐温度普遍认同为 26℃，为 Ⅰ 级舒适度的上边界，在较好舒适度的情况下，可以最大程度降低能耗。在低于 24℃ 的过冷情况下，平均日耗电量分别比 Ⅰ 级舒适和 Ⅱ 级舒适情况高出了 41.1% 和 67.6%。

不同舒适度等级对应的空调系统平均日耗电量 表1.4

| 室内温度 /℃ | 天数 /d | 平均日耗电量 /kWh |
|---|---|---|
| < 24 | 26（21.3%） | 862.9 |
| （24，26） | 93（76.2%） | 611.4 |
| （26，28） | 3（2.5%） | 514.8 |

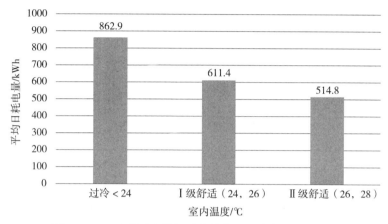

图1.22 不同舒适度等级对应的空调系统平均日耗电量

图 1.23 拟合出本项目空调系统能耗和室内温度的关系，经过计算，当室外环境温度在 26.6 ~ 33.5℃时，室内温度设定值在 22 ~ 28℃内变化时，室内温度每升高 1℃，能耗相应减少 20% 左右。

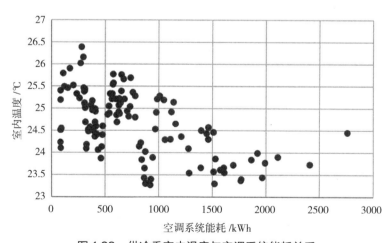

图1.23 供冷季室内温度与空调系统能耗关系

另外，以供冷季不同月份为尺度进行纵向对比，可以得到室内温度过冷率（室内环境不舒适天数占比）与空调机组月耗电量、日均耗电量的关系。7、8

月室外温度差异不大，且系统运行策略相同，所有机组均启动，不存在自然冷源工况，故采用这两个月的数据进行对比，结果如表1.5和图1.24所示。

7、8月不同过冷率对应的空调机组能耗　表1.5

|  | 7月 | 8月 |
|---|---|---|
| 过冷天数 /d | 1（3.2%） | 8（25.8%） |
| 日均耗电量 /kWh | 738 | 881 |

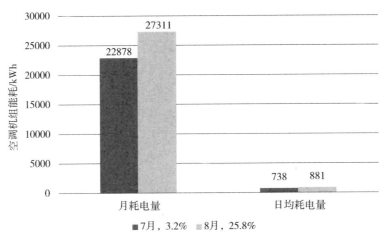

图1.24　7、8月不同舒适度未达标率所对应的空调机组能耗

综合以上对比分析结果可以看出，供冷季室内温度与空调能耗负相关，室内环境舒适度未达标率与空调能耗正相关。因此，项目在目前能耗强度指标低于标准引导值的情况下，能够满足室内舒适度要求，若将现有室温过低的部分时间内的室温提高，则可以进一步提升舒适度达标比例，同时能耗可以降低，并依然处于较低水平。

2）供暖季

本项目采用2020年11月~2021年1月供暖季的监测数据进行分析，空调系统逐日能耗与室内外温度变化情况如图1.25所示。室外日均温度最高值为16℃，最低值为-10℃，平均值为4.1℃，室外温度下降会带来显著的能耗升高。

根据1.3.1节中供暖季室内环境分析结果，存在过度供暖情况，因此对舒适区和超出舒适区的逐日能耗进行对比分析。同样以室内温度舒适等级来划分，共分为3级，结果如表1.6和图1.26所示，总体趋势为室内温度越高，能耗越高。在高于24℃的过热情况下，平均日耗电量分别比Ⅰ级舒适和Ⅱ级舒适情况高出9.5%和13.5%。

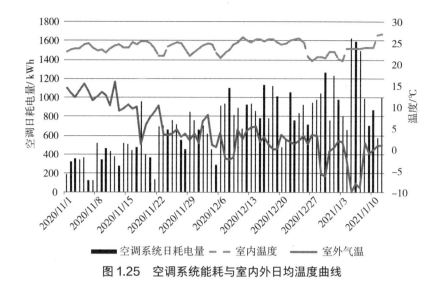

图 1.25　空调系统能耗与室内外日均温度曲线

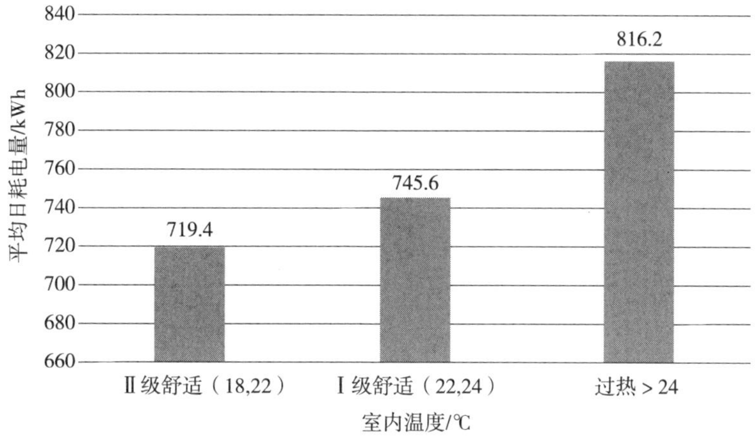

图 1.26　不同舒适度等级对应的空调系统平均日耗电量

不同舒适度等级对应的空调系统平均日耗电量　　　　　　　　　表 1.6

| 室内温度 /℃ | 天数 /d | 平均日耗电量 /kWh |
| --- | --- | --- |
| （18，22） | 10（13.7%） | 719.4 |
| （22，24） | 28（38.4%） | 745.6 |
| > 24 | 35（47.9%） | 816.2 |

　　图 1.27 拟合出本项目空调系统能耗和室内温度的关系，经过计算，当室外环境温度在 –10 ～ 16℃范围，室内温度在 20.8 ～ 27.1℃范围内变化时，室内温度每升高 1℃，能耗相应增加 15% 左右。

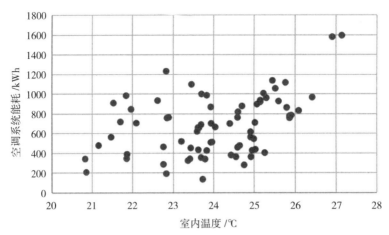

图 1.27 供暖季室内温度与空调系统能耗关系

# 1.4 总结

安捷物联大厦实现了设计、施工、运维全过程的闭环控制，设计方、施工方、业主等各方面始终保持高度一致的绿色低碳意识与行为，避免了实际运行效果远低于设计意图的"漏斗效应"。安捷物联能源互联网大厦综合运用了太阳能、地源热泵、水蓄能、BIM 等技术，可实现多种可再生能源与建筑的一体化利用，不仅兼顾建筑性能与人体舒适度，节能效果也很突出，该案例 2020 年的全年单位面积能耗指标为 50.1kWh/（m²·a），远低于《民用建筑能耗标准》GB/T 51161—2016 中对寒冷地区 B 类商业办公建筑能耗的引导值 [60kWh/（m²·a）] 限值，为我国寒冷地区城市建设高品质绿色低碳发展提供了优质案例。

# 2 布鲁克被动式酒店

王红星　唐伟
上海郎绿建筑科技股份有限公司

## 2.1 项目简介

布鲁克被动式酒店位于浙江省湖州市长兴县朗诗绿色建筑技术研发基地，项目外观如图 2.1 所示。长兴县介于北纬 30° 43′ ~ 31° 11′，东经 119° 33′ ~ 120° 06′ 之间，属于亚热带海洋性季风气候，四季分明、气候温和，太阳能资源丰富。本项目由朗诗科技与德国被动房研究所、德国能源署合作建成，是中国夏热冬冷地区第一座按德国被动房标准设计建造的被动式建筑，同时也是中国首个被动式酒店。

图 2.1　布鲁克被动式酒店外观图

该项目建筑面积 2445.5m²，空调面积 2150m²，建筑高度 17.55m，外形规则紧凑。建筑共 5 层，一层为大堂，二到五层为客房，共有标准房间 48 间，套房 4 套。项目于 2014 年 8 月 8 日举行揭牌仪式并投入使用，获得绿色建筑三星级评价标识、被动房研究所 PHI 认证、德国绿建委（DGNB）铂金认证和世界银行 EDGE 认证等多项资格认证。

# 2.2 低碳节能技术

本项目设计过程中以"低碳节能"为核心要求,所有的设计方法和技术手段都从节能降耗的角度出发,在保证舒适度的前提下,将建筑能源消耗降到最低。建筑主要采用了无热桥的外保温系统、高效节能门窗系统、带热回收的新风系统、变频风冷热泵系统、外遮阳系统和太阳能热水系统等六项关键技术体系,如图2.2所示。

图 2.2 低碳节能技术

## 2.2.1 被动式节能技术

1)高效围护结构保温

在围护结构保温技术方面,外墙保温采用200mm厚B1级石墨聚苯板保温材料,并在每层设置岩棉防火隔离带,保证整个建筑的防火保温性能。屋面采用230mm厚B1级发泡聚氨酯材料,实现了防水保温一体化。首层地面采用40mm厚的挤塑聚苯板材料,能够承受更大的抗压强度,具有更好的保温性能、防水性能以及更优越的性价比。外窗采用了铝包木型材三层双中空玻璃,中间添加惰性气体,整体传热系数达到0.8W/($m^2 \cdot K$),玻璃边缘与窗扇部位附加保温层,在气密性和保温隔热性上具有优越性能。外墙和屋面的保温外观如图2.3所示。

2)节点无热桥设计

(1)外保温无热桥结构。为了避免锚固件成为热桥,在保温板粘贴完毕后,在板面挖出圆形的槽将锚固件和托盘安装进去,再用圆形保温板塞入槽内,实现了锚固件的"断桥"处理,如图2.4所示。

(2)女儿墙无热桥结构。在女儿墙的压顶部位采用铝合金盖板保温层,避免保温系统受到外界影响。女儿墙其他部位采用保温材料进行全面的包裹处理,阻断了热桥。

图 2.3　石墨聚苯板外保温、屋面保温和地面保温

图 2.4　断热锚栓安装示意图

（3）窗洞口无热桥结构。为了保证被动房的窗洞口部位具有更好的保温效果，外门窗的安装节点采用了特殊的方法。窗框的安装不再是置于墙体中心线部位，而是相当于"贴"在外墙墙体上，窗框尺寸大于窗洞口尺寸10 ～ 20mm，窗框置于保温层之下，杜绝窗洞口部位的热桥。

（4）阳台、遮阳无热桥结构。对于外保温系统而言，挑阳台和雨篷都很容易产生冷热桥。本项目采用外墙预留混凝土牛腿，以牛腿为连接点外挂 C 型钢的做法，使遮阳篷、阳台、陶棒等都固定在 C 型钢上，避免与结构直接连接，从而大大减少热桥的产生。

3）外围护结构气密性设计

（1）外门窗气密性设计。该项目门窗框、外保温系统以及基层墙体之间采用专用的膨胀止水密封带、成品密封胶带等，能够防止空气渗透以及外部雨水渗入，有效保证了密封效果。该项目的外窗不是嵌入式安装，而是外挂在窗洞口外，预留窗洞口尺寸小于窗框尺寸 10 ～ 20mm，窗框与墙体连接部位安装膨胀密封胶条，用于调平及密封。窗框室内侧与墙体采用防水不透气胶带封堵，胶带包裹着整个定位框，起到气密的作用。窗框室外侧与墙体采用防水透气胶带封堵，起到水密作用，安装示意如图 2.5。

（2）外墙气密性设计。外墙砌筑时为满足气密性要求，严格保证砌体横、竖缝中的灰浆密实饱满，同时考虑到填充墙体与结构梁柱间可能出现缝隙，特

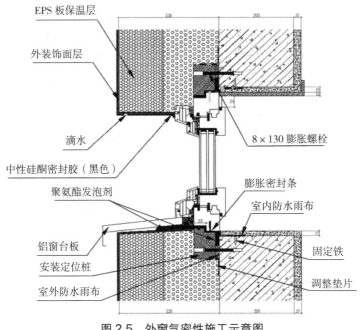

图中标注：
- EPS 板保温层
- 外装饰面层
- 滴水
- 中性硅酮密封胶（黑色）
- 聚氨酯发泡剂
- 铝窗台板
- 安装定位桩
- 室外防水雨布
- 8×130 膨胀螺栓
- 膨胀密封条
- 室内防水雨布
- 固定铁
- 调整垫片

图 2.5　外窗气密性施工示意图

别是填充墙顶部与梁交接处，在砌块与梁柱之间采用气密性胶带封堵，有效保证密封效果。

（3）出屋（墙）面管道气密性设计。为保证管道出屋（墙）面的气密性，在管道出口处预留套管，套管与管道之间采用聚氨酯发泡进行填充，同时在内墙采用防水不透气胶带进行封堵，起到防水气密的作用。

4）外遮阳设计

为控制建筑的夏季辐射得热，本项目根据长兴当地的太阳高度角结合立面进行外遮阳设计，如图 2.6 所示。南向窗采用 C 型轻钢铝板材质的外遮阳构件，有效减少夏季太阳辐射热进入室内，达到减少冷负荷、降低能耗的目的。外立面采用外挂陶棒设计，既增加建筑整体的美观性，又起到遮阳效果，减少外墙所受的太阳辐射，降低外墙辐射得热，达到隔热保温目的。

## 2.2.2　主动式节能技术

1）带热回收的空调技术

本项目的空调系统采用干式风机盘管加新风的方式，冷热源独立设置。空调冷冻水由变频风冷热泵机组提供，热泵机组的夏季进出水温度为 20/15℃，通过旁通与自来水混水后，向干式风机盘管提供的夏季供回水温度为 16/21℃，冬季供回水温度为 35/30℃。变频风冷热泵机组及水泵全部设置于屋顶，热泵机组及水泵参数如表 2.1 所示，空调机房现场如图 2.7 所示。

图2.6 外遮阳设计示意图

图2.7 机房现场图

热泵机组及水泵参数　　　　　　表2.1

| 设备名称 | 规格与性能 | 单位 | 数量 |
|---|---|---|---|
| 风冷热泵机组 | 制冷量：55.3kW；功率：16.8kW；制热量：51.3kW；功率：12.6kW | 台 | 1 |
| 风冷热泵机组 | 制冷量：89.1kW；功率：32.0kW；制热量：100.9kW；功率：29.8kW | 台 | 1 |
| 空调水循环泵 | 流量：13.8m³/h；扬程：15.0mH₂O；功率：1.5kW | 台 | 1 |

　　新风系统选用了3台带热回收的新风处理机组。1台吊装热回收新风机组设置于一层新风机房，主要负责大堂的新风负荷；2台卧式转轮热回收新风机组置于屋顶，承担了二层至五层所有房间的新风负荷，并且这两台新风机组自带湿膜加湿器。新风机组及水泵参数如表2.2所示。

新风机组及水泵参数　　　　　　表2.2

| 设备名称 | 规格与性能 | 单位 | 数量 | 备注 |
|---|---|---|---|---|
| 全热回收式新风机组 | 新风量：1000m³/h；制冷量：16.6kW；功率：0.25kW；热交换效率：69% | 台 | 1 | 吊装板式 |
| 全热回收式新风机组 | 新风量：1920m³/h；制冷量：33.2kW；功率：1.5kW；热交换效率：69% | 台 | 1 | 卧式轮转 |
| 全热回收式新风机组 | 新风量：1840m³/h；制冷量：33.2kW；功率：1.5kW；热交换效率：69% | 台 | 1 | 卧式轮转 |
| 空调水循环泵 | 流量：17.6m³/h；扬程：17.0m（H₂O）；功率：3kW | 台 | 1 | |

　　2）可再生能源利用技术

　　本项目充分利用可再生资源，采用了以太阳能热水为主、空气源热泵机组辅助加热的生活热水供应系统，分别如图2.8和图2.9所示。屋顶设置14组

| 图 2.8  太阳能集热板 | 图 2.9  空气源热泵 |
| --- | --- |

全玻璃真空管型太阳能集热器，集热器总面积为 75.6m²，2 台空气源热泵机组的总制热量为 43.6kW。热水系统优先利用太阳能提供热水，当太阳能不能满足用水要求时，空气源热泵机组启动。这样的设计方式大大降低了对一次能源的消耗。

## 2.3  运行效果分析

### 2.3.1  室内环境分析

1）室内温湿度

本项目建立了建筑室内环境实时监测和运营管理系统，室内环境全年监测时间为 2020 年 4 月 16 日 ~ 2021 年 3 月 16 日，典型房间全年温湿度分布情况如图 2.10 所示。室内温度全年波动较小，平均值为 22.6℃，最大值和最小值分别为 26.6℃、17.5℃；室内相对湿度全年波动较大，平均值为 47.5%，最大值、最小值分别为 88.8%、41.2%。

根据空调系统实际运行和机组开启情况，界定供冷季为 2020 年 6 月 1 日 ~ 2020 年 9 月 30 日，供暖季为 2020 年 11 月 1 日 ~ 2021 年 3 月 16 日，其余时间为过渡季。

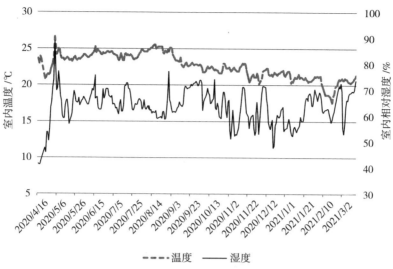

图 2.10　监测期间室内温湿度情况

（1）供冷季

提取 2020 年供冷季的平台上室内参数数据进行分析，如图 2.11 所示。典型标准客房室内温度平均值为 24.1℃，日均值最高为 25.5℃，最低为 22.4℃；相对湿度平均值为 65.7%，日均值最高和最低值分别为 77.0% 和 58.8%。

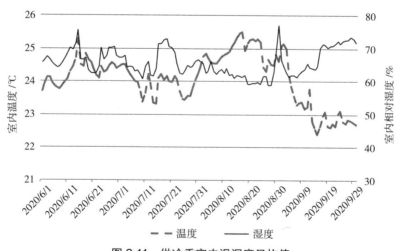

图 2.11　供冷季室内温湿度日均值

本项目供冷季监测期共 122d，其中 111d 能够达到《民用建筑供暖通风与空气调节设计规范》GB 50736—2012 标准中供冷工况的 I 级室内温度舒适度要求，占比 90.6%。供冷季的室内温度均小于 26℃，不存在满足 II 级（温度 26 ~ 28℃，湿度 ≤ 70%）室内温度舒适度要求的情况。其余时间未达标的原因主要是室内温度过低。供冷季室内温湿度达标情况如图 2.12 所示。

由此可知，布鲁克被动式酒店的空调系统在 2020 年供冷季存在一定程度过度供冷的问题，且室内温度过冷的时间大多处在夏初和夏末，是由于旅客过度开启空调导致，因为夏初和夏末室外温度不至于过高，酒店通过外遮阳、适当通风或提高供水温度等措施可以实现室内环境的热舒适而不至于过冷，因此可以在夏初和夏末时期提醒旅客不要过度开启空调，以降低空调系统运行能耗。

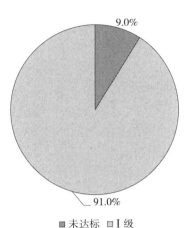

图 2.12　供冷季室内温湿度达标情况

（2）供暖季

为验证本项目供暖季室内温湿度是否达到设计标准要求，提取监测平台的 2020 ~ 2021 年供暖季室内参数进行分析，如图 2.13 所示，典型标准客房室内温度平均值为 20.9℃，日均值最高为 22.9℃，最低为 17.5℃；相对湿度平均值为 61.6%，日均值最高和最低值分别为 73.6% 和 47.9%。

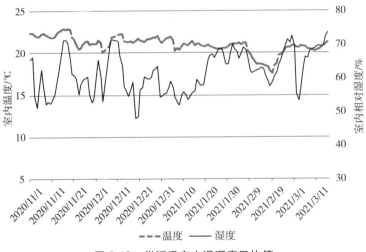

图 2.13　供暖季室内温湿度日均值

本项目供暖季监测期共 136d，共有 134d 能够达到《民用建筑供暖通风与空气调节设计规范》GB 50736—2012 标准中供暖工况的室内温度舒适度要求，具体比例如图 2.14 所示。其中共有 22d 室内温度能够达到 Ⅰ 级舒适度要求，112d 室内温度满足 Ⅱ 级舒适度要求，2d 出现室温过冷情况。可见，该酒店冬季不存在过度供暖与空气干燥的情况，室内热舒适情况良好。

2）室内 $CO_2$、$PM_{2.5}$ 浓度

根据连续监测数据记录，监测期间客房内 $CO_2$ 浓度平均值为 447.8ppm，

日均浓度最大值和最小值分别为 875.7ppm 和 400ppm，全部满足《室内空气质量标准》GB/T 18883—2002 规定的 1000ppm 的限值要求，如图 2.15 所示。$PM_{2.5}$ 浓度的平均值为 25.7μg/m³，日均浓度最大值和最小值分别为 108.3μg/m³ 和 2.8μg/m³。276d 达到了《环境空气质量标准》GB 3095—2012 中 24h 均值低于 35μg/m³ 的 I 级浓度限值要求，占比 85.7%；44d 达到 75μg/m³ II 级浓度限值要求，占比 13.7%，如图 2.16 所示。仅有 1d 的 $PM_{2.5}$ 浓度远超过 75μg/m³ 的限值，是因为这一天室外空气较差，导致室内受室外空气的污染，空气品质下降。

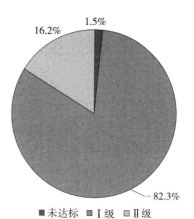

图 2.14　供暖季室内温湿度达标情况

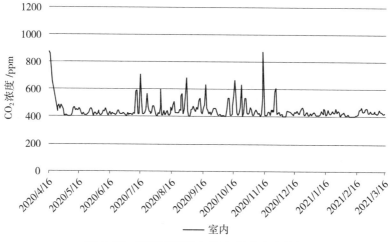

图 2.15　监测期间室内 $CO_2$ 浓度变化情况

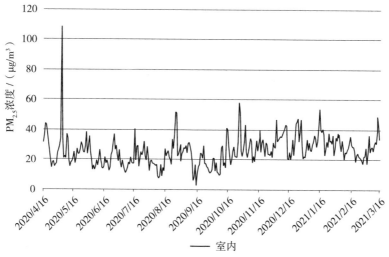

图 2.16　监测期间室内 $PM_{2.5}$ 浓度变化情况

结果表明，该酒店的室内 $CO_2$ 浓度、$PM_{2.5}$ 浓度均控制得非常好，说明酒店选用的新风机组能够满足室内的新风保障，同时对 $PM_{2.5}$ 起到过滤效果。

### 2.3.2 运行能耗分析

本项目 2019 年 5 月至 2020 年 4 月全年用电量为 175498.2kWh，单位面积能耗指标为 71.8kWh/（$m^2 \cdot a$）。建筑全年能耗分布如图 2.17 所示，暖通空调能耗占总能耗的 76.59%，单位面积能耗指标 55.0kWh/（$m^2 \cdot a$）；照明插座用电占总能耗的 12.13%，单位面积能耗指标为 8.71kWh/（$m^2 \cdot a$）；生活热水能耗占总能耗的 10.2%，单位面积能耗指标

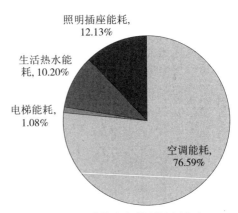

为 7.32kWh/（$m^2 \cdot a$）；电梯用电占总能耗的 1.08%，单位面积能耗指标为 0.77kWh/（$m^2 \cdot a$）。除此之外，逐月能耗分布比例如图 2.18 所示，可以看出能耗比例随季节的变化程度较大，尤其是空调和生活热水能耗变化十分明显。酒店与其他公共建筑性质不同，会受到入住率的影响，旅游旺季和节假日的各分项能耗比淡季高。

图 2.17　建筑全年能耗比例分布

《民用建筑能耗标准》GB/T 51161—2016 中规定，夏热冬冷地区 B 类旅馆建筑能耗指标约束值和引导值分别为 160kWh/（$m^2 \cdot a$）和 125kWh/（$m^2 \cdot a$），本项目能耗指标为 71.8kWh/（$m^2 \cdot a$），远低于引导值，由此可见其节能效果十分显著。

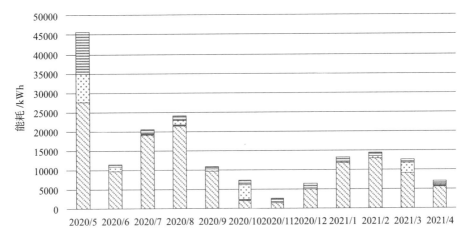

图 2.18　各用能系统和设备逐月用电量柱形图

根据国家发改委发布的《2011 年和 2012 年中国区域电网平均 $CO_2$ 排放因子》，华东区域电网的平均 $CO_2$ 排放因子为 0.7035kg $CO_2$/kWh，本项目全年耗电量为 175498.2kWh，经换算，本项目全年运营产生 123.46t $CO_2$，单位面积碳排放为 50.49kg $CO_2/m^2$。

## 2.4 总结

本项目生活热水的耗电量较少，仅占总能耗的 10.2%，主要得益于可再生能源的利用，极大地减少了一次能源的消耗。另外，建筑的逐月分项能耗受季节影响较明显，主要受入住率影响。布鲁克被动式酒店 2019 年 5 月至 2020 年 4 月的单位面积能耗指标为 78.2kWh/（$m^2 \cdot$ a），远低于《民用建筑能耗标准》GB/T 51161—2016 中的夏热冬冷地区 B 类旅馆建筑非采暖能耗引导值 120kWh/（$m^2 \cdot$ a）。

# 3 中新天津生态城公屋展示中心

孙晓峰
中新天津生态城建设局

## 3.1 项目简介

中新天津生态城公屋展示中心位于天津中新生态城 15 号地块内，如图 3.1 所示。建筑地处和畅路与和风路交口，建成于 2013 年，绿地率 46%，已获中国绿色建筑三星级设计标识、运营标识，荣获 2012 年全国人居经典建筑规划设计方案竞赛建筑金奖和科技金奖、2013 年香港建筑师学会四地建筑设计大奖、2013 年天津市优秀设计一等奖、2015 年和 2017 年全国绿色建筑创新奖二等奖。

本项目占地面积 8090.7m²，建筑面积 3467m²，形体规整紧凑，体形系数小。建筑采用钢框架结构，总高度为 15m，地上两层，地下一层。地下为展示区域、办公区域及档案存储区域；首层为公屋展示大厅、交易大厅、银行、办公室等；二层主要为档案室、办公室等，如图 3.2 所示。建筑办公时间为 8：30

图 3.1 中新天津生态城公屋展示中心外形图

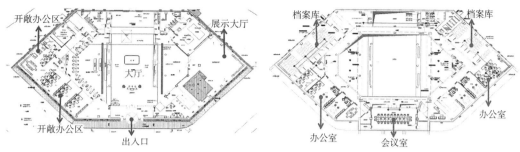

图 3.2　建筑主要功能区示意图

至 17:30，公屋展示中心常驻办公人员约 22 人，平均每天接待 100 ~ 150 人次，随机性较大。档案储存、普通办公和对外窗口的全年办公时间约为 260d，展示和银行的办公时间约为 242d。

## 3.2　低碳节能技术

本项目基于中新天津生态城的气候条件和场地周边环境，通过优化建筑布局和朝向，实现了体形系数控制；通过提高围护结构节能设计水平，强化自然通风、天然采光等技术措施，降低了建筑的用能需求；通过选用高效智能设备，降低了建筑能耗。在此基础上，本项目采用了光伏发电系统、地源热泵、太阳能热水等可再生能源技术，最终实现了近零能耗的设计目标，项目采用的低碳节能技术措施如图 3.3 所示。

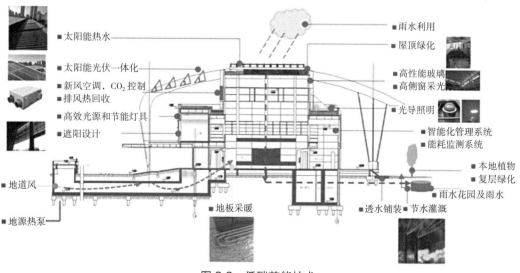

图 3.3　低碳节能技术

### 3.2.1 被动式节能技术

1）高效围护结构保温技术

本项目位于和畅路和和风路夹角处，如图 3.4 所示，通过顺应道路延展，采用大尺度平台、坡道，有效避免尖角，使整个平面成菱形状。在建筑设计过程中，通过加大"菱形"建筑平面的进深和建筑物的体量，有效地减少建筑外围护结构临空面积，减少热能损失，最终确定体形系数为 0.22。

在体形系数优化基础上，采用高效保温技术进一步提升保温性能。建筑外墙采用 300mm 厚砂加气砌块外贴 150mm 厚岩棉板；屋顶采用 300mm 厚岩棉板；外檐门窗、幕墙选用三银 Low-E 6+12Ar+6+12Ar+6 玻璃，该种玻璃具有非常低的"太阳热能总透射比"，可以很好地平衡采光与隔热；窗框内做加宽隔热条，避免窗框成为热桥。建筑外立面如图 3.5 所示。

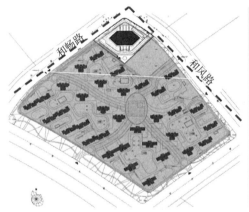

图 3.4 中新生态城区位示意图

图 3.5 建筑外立面情况

建筑围护结构各部分的传热系数均优于《天津市公共建筑节能设计标准》DB 29—153—2014 中的要求，各个朝向的窗墙比均满足限制要求。东西向外窗综合遮阳系数为 0.39，外窗气密性能不低于《建筑外窗气密性能分级及其检测方法》GB/T 7106—2008 中规定的 6 级。围护结构各项具体指标数值如表 3.1 所示。

围护结构指标 表 3.1

| 技术指标 | 设计值 | 标准值（甲类） |
|---|---|---|
| 屋面传热系数 / [W/（m²·K）] | 0.14 | 0.35 |
| 外墙传热系数 / [W/（m²·K）] | 0.15 | 0.45 |
| 外窗传热系数 / [W/（m²·K）] | 1.2 | 2.0 ~ 2.5 |
| 外窗太阳得热系数 SHGC | 0.39 | 0.40 |
| 气密性 /（$n_{50}$/h⁻¹） | 0.3 | 0.6 |

2）自然通风技术

为优化建筑的自然通风情况，本项目在设计建筑布局时，将主要出入口设置在东侧，可以避开冬季主导风向。合理利用建筑中庭、天窗等，增强热压通风效果，同时优化夏季和过渡季主导风向的开窗面积，外窗和幕墙可开启面积达到 66% 以上，便于通过外窗直接通风。建筑还采用了地道通风技术进行新风的预冷预热，如图 3.6 所示（其采风口在建筑室外景观区，如图 3.7 所示），结合屋顶自然通风窗、通风井及大厅地面送风口，将室外自然风引入室内，缩短入口大厅空调制冷时间约 20%，减少入口大厅空调制冷能耗约 30%。

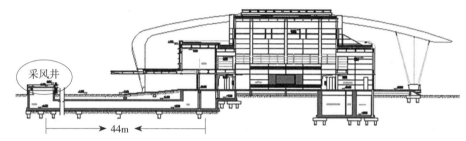

图 3.6　地道通风设计示意图

图 3.7　电动可开启窗（左）、地道送风口（中）和采风井（右）

3）天然采光技术

因使用功能对空间的需要，本项目采用了大进深的平面布局。为削弱大进深对室内天然采光的影响，在建筑顶部设置了高侧窗和水平天窗，如图 3.8 所示。

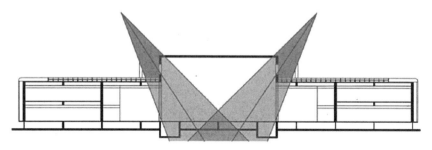

图 3.8　建筑高侧窗和水平天窗示意图

通过日照模拟和优化，选择建筑南侧为大面积水平条窗，窗墙比为0.22；北侧为小面积水平条窗，窗墙比为0.27。同时考虑遮阳效果，设计了外窗搓板造型，如图3.9所示，通过室内外窗的倾斜安装，可将光线反射至室内，提高室内采光系数。另外，设计了卷帘式内遮阳，防止眩光产生。在办公室、交易大厅、会议室、配电间等区域设置导光筒，充分利用自然光源，如图3.10所示。

图3.9 建筑高侧窗和搓板造型外窗

图3.10 建筑导光筒设置

### 3.2.2 主动式节能技术

1）高效空调技术

（1）高温冷水地源热泵耦合太阳能热水系统

除档案馆部分单独采用VRF（变制冷剂流量多联机）系统外，其他区域主要采用高温冷水地源热泵耦合太阳能热水系统进行供冷供热。地源热泵系统选用一台双机头、变频地源热泵机组，如图3.11所示，设备参数如表3.2所示；空调水系统为两管制、一次泵变流量的冷热水共用型空调水系统；室外埋管换热器采用双 U 型垂直式换热系统，共钻孔 44 个，采用矩形布置。

太阳能集热器设置于屋顶，共布置了约 24m² 的太阳能集热板，在集热侧管道内充注循环防冻介质，保证系统的高温供给。热水系统采用间接换热，一方面满足生活热水的需求，另一方面在冬季可为地源热泵系统冷凝侧提供高温热水，保证热泵机组的高效运行。

图 3.11　地源热泵机组

| 机组设备参数 | | | | 表 3.2 |
| --- | --- | --- | --- | --- |
| 编号 | 设备类型 | 额定制冷量 /kW | 性能参数 /（W/W） | |
| | | | 实际设备 | 标准要求 |
| GSHP350BM | 螺杆式热泵机组 | 350（制冷） | 6.0 | 4.10 |
| | | 336（制热） | 4.53 | 4.47 |

地源热泵系统夏季为建筑提供 16/21℃ 的冷冻水，冬季为建筑提供 42/37℃ 的冷冻水。供冷及供热的初末期，系统可实现跨机组供冷供热。通过实际测试，7 月初地源侧出水平均温度可达到 17℃，能够实现直接供冷。冬季在保证建筑生活热水需求的前提下，太阳能热水系统通过容积式换热器同地源热泵系统联合运行，根据混水后温度，通过传感器调节电动两通阀的开启度，维持地源热泵系统冷凝器侧的进出水温度，保证 5℃ 的换热温差。系统容积式换热器回水温度应大于 10℃ 并连续运行 1h 以上，若不能满足，则关闭太阳能热水系统。太阳能热水系统的盈余热量提高了地源热泵蒸发器的出水温度，减少了系统从土壤中的取热量，降低土壤热不平衡率，达到了提高地源热泵系统制热性能系数的目的，提高了系统运行稳定性，冷热源系统示意如图 3.12 所示。

（2）温湿度独立处理末端系统

夏季室内显热负荷由毛细管辐射板或干式风机盘管承担，潜热负荷由新风机组承担，实现温湿度独立控制。制冷系统在大部分时间能够充分利用地源水系统免费供冷，地源热泵机组也可以运行在高效的高温供水工况。由于室内末端只需要控制室内温度而不需要控制湿度，使得冷冻水供水温度高于室内空气露点温度，明显高于常规风机盘管供水温度，从而实现了机组的高效率。新风机组和夏季运行模式如图 3.13 所示。

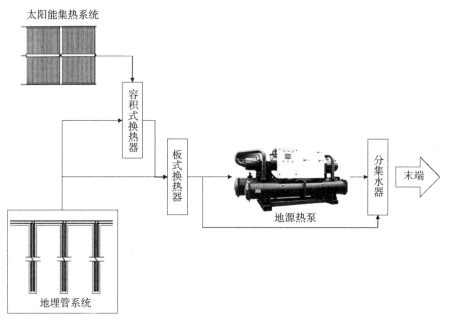

图 3.12　高温冷水地源热泵系统耦合太阳能热水系统示意图

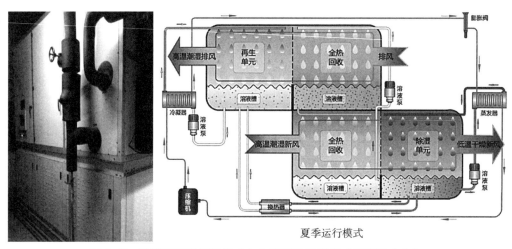

图 3.13　溶液调湿新风机组（左）和夏季运行模式示意图（右）

交易大厅等大空间采用单区变风量全空气空调系统，变频送风机可根据建筑负荷自动调节送风量，实现节能的目的。小开敞办公室等房间采用干式风机盘管加新风系统，风机盘管为直流无刷型，可提高风机效率19.5%，有效降低风机能耗。

各新风管道分支均安装定风量调节器，与室内 $CO_2$ 传感器联动，如图 3.14 所示。

图 3.14　室内风量调节器

当室内 $CO_2$ 浓度超标时，自动增加送风中的新风比例，在保证室内良好空气质量的同时兼顾节能效果。

　　冬季，末端采用低温地板辐射系统，部分设备用房采用散热器进行供暖，新风采用溶液新风机组进行热回收和加湿，如图 3.15 所示。

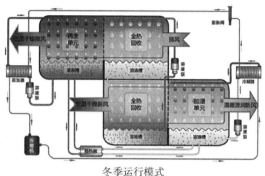

图 3.15　地板采暖（左）和冬季系统运行示意图（右）

2）智能化照明技术

　　本项目采用节能灯具和合理的节能控制措施实现照明节能。室内一般照明采用细管径直管型荧光灯（T5 三基色荧光灯）、LED 灯、金属卤化物灯等高效光源，且照明功率密度值按照现行国家标准《建筑照明设计标准》GB 50034—2013 的规定进行设计，详情见表 3.3。在照明系统节能控制方面，采用分区控制、感应控制、定时控制及调光控制等措施，如图 3.16 所示。

建筑照明系统节能控制情况　　　　　　　　　　　　表 3.3

| 区域 | 照明装置 | 采光措施 | 控制策略 | 控制效果 |
| --- | --- | --- | --- | --- |
| 内走道 | LED | 光导筒 | 人体感应 | 根据人的进入和离开，自动地控制照明的 ON/OFF，可以防止忘记关灯 |
| 靠窗办公室 | 荧光灯 | 侧窗采光 | 调光 + 人体感应 + 门禁 | 自动探测房间的亮度，进行照明的 ON/OFF 或调光控制 |
| 内办公室 | 荧光灯 | 光导筒 | 调光 + 人体感应 + 门禁 | 自动探测房间的亮度，进行照明的 ON/OFF 或调光控制 |
| 卫生间 | LED | 侧窗采光 | 调光 + 人体感应 + 定时 | 由程序定时器预先设定的日程信号进行场景的切换控制 |
| 大厅 | 荧光灯 | 天窗采光 | 调光 + 定时 | 自动探测房间的亮度，进行照明的 ON/OFF 或调光控制 |
| 设备用房 | 荧光灯 | 侧窗采光 | 调光 + 定时 | 自动探测房间的亮度，进行照明的 ON/OFF 或调光控制 |

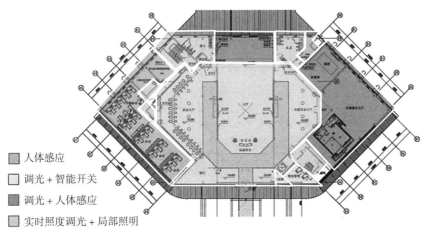

人体感应
调光 + 智能开关
调光 + 人体感应
实时照度调光 + 局部照明

图 3.16　不同功能区域照明系统控制策略示意图

3）可再生能源利用技术

天津市属于大陆性半湿润季风气候，四季特征分明，年平均日照时数为2898.8h，平均日照百分率为64.7%，因此可进行合理的太阳能开发利用。本项目设置了太阳能光伏系统和太阳能热水系统，如图3.17所示。

（1）太阳能光伏系统

本项目充分考虑了建筑光伏一体化设计，在屋顶设置弧形的光伏板支架，增加屋面布置光伏板的面积。同时在建筑布局方面，不是传统的坐北朝南，而是选择了南偏东15°方向，这一角度适应了天津本地日照时间和强度，充分考虑了光伏板吸收太阳光照的时间特征。光伏板的布置与建筑整体风格一致，优雅大方，同时使展示中心更富有现代感和科技感；建筑南向设置光伏板支架，通过计算机模拟分析支架的形状与流线，将光伏板与建筑外遮阳和自然通风相结合，充分体现了美观和实用性。

图 3.17　太阳能光伏及热水系统安装位置

光伏系统共采用单晶硅光伏组件 1395 片，总装机容量峰值功率约为 292.95kWh，理论全年发电量约 295MWh，实测年发电量约为 125MWh，可满足建筑约 54% 的用电需求。为保障建筑电力的稳定供应和分布式发电资源的充分利用，光伏发电系统采用了主流的并网发电形式，项目 2018 年 5 月 ~ 2019 年 4 月期间的光伏发电量和用电量如图 3.18 所示。

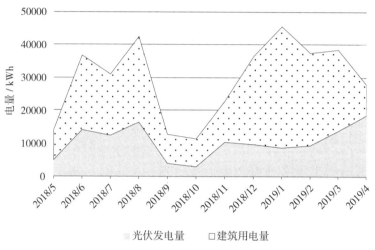

图 3.18　实测建筑光伏发电量与用电量情况

（2）太阳能热水系统

本项目采用太阳能热水为主、电热水器辅助加热的生活热水供应系统，太阳能集热板敷设于屋顶，水箱设置于室内，利用防冻介质换热，加热储水箱中的水。太阳能热水系统日产水量 1.24m³，全年所能提供的热水量为 250.57m³，占全年生活热水需求的 81%，年节约用电量 1.39 万 kWh。

除提供生活热水外，本项目还将太阳能热水系统与地源热泵耦合，冬季可利用部分太阳能集热板提高地源侧水温，提高机组制热性能系数；夏季可利用冷凝器的余热提供部分生活热水，实现可再生能源的综合利用。

# 3.3　运行效果分析

## 3.3.1　室内环境分析

为保障建筑物服务水平达标，对公屋展示中心典型功能区域进行了 2020 年 8 月 16 日至 12 月 21 日的室内温湿度、$CO_2$、$PM_{2.5}$ 等关键参数的监测。

根据空调系统实际运行和机组开启情况，界定供冷季为 2020 年 8 月 16 日 ～ 2020 年 9 月 30 日，供暖季为 2020 年 11 月 1 日 ～ 12 月 21 日，其余时间为过渡季。

1）室内热湿环境

（1）供冷季

供冷季典型房间温度在 89.8% 时间内能够达到《民用建筑供暖通风与空气调节设计规范》GB 50736—2012 中室内温度舒适度要求，其中 30.2% 的时间达到 Ⅰ 级舒适度（室内温度 24 ～ 26℃）的要求，59.6% 的时间达到 Ⅱ 级舒适度（室内温度 26 ～ 28℃）的要求，如图 3.19 所示。

（2）供暖季

供暖季的典型房间温度在 90% 的时间内能够达到《民用建筑供暖通风与空气调节设计规范》GB 50736—2012 标准（室内温度 18 ～ 24℃）的要求，其中 11% 的时间可达到 Ⅰ 级舒适度（室内温度 22 ～ 24℃）的要求，79% 的时间可达到 Ⅱ 级室内舒适度（温度 18 ～ 22℃）要求，如图 3.20 所示。可见，本项目冬季的室内热舒适情况良好。

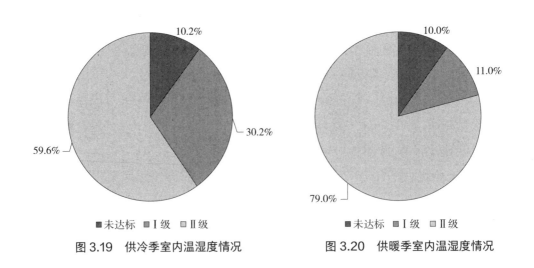

图 3.19　供冷季室内温湿度情况　　　　图 3.20　供暖季室内温湿度情况

2）室内 $CO_2$、$PM_{2.5}$ 浓度

根据连续监测数据记录，典型房间 $CO_2$ 浓度的日均最大值为 980ppm，100% 时间满足《室内空气质量标准》GB/T 18883—2002 规定的 1000ppm 的限值要求，如图 3.21 所示。主要房间 $PM_{2.5}$ 浓度日均值在全年时间内的最大值为 98μg/m³，98.5% 的时间达到 24h 均值低于 75μg/m³ 的 Ⅱ 级浓度限值，93% 的时间达到 24h 均值低于 35μg/m³ 的 Ⅰ 级浓度限值。

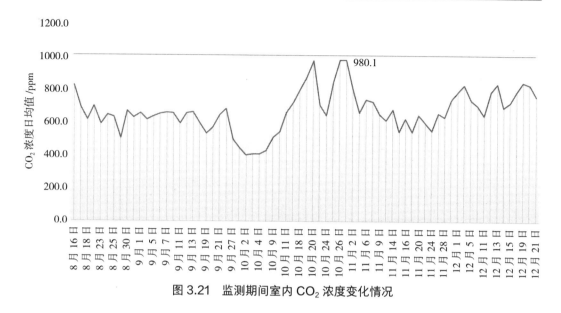

图 3.21 监测期间室内 $CO_2$ 浓度变化情况

### 3.3.2 运行能耗分析

本项目 2019 年 10 月至 2020 年 9 月的总能耗为 298423.3kWh，单位面积能耗 86.1kWh/（$m^2 \cdot a$），如图 3.22 所示。若考虑太阳能光伏发电，则整个建筑的单位面积能耗为 49.9kWh/（$m^2 \cdot a$）。建筑主要用电消耗为地源热泵用电，占建筑总耗电量的 57.22%，插座用电占比 17.01%，照明用电占 7.06%，电梯、热水器、空调新风及 LED 屏幕等其他用电共占比 18.71%，如图 3.23 所示。从逐月分项能耗的分布情况可以看出，本项目由于是商业建筑，冬夏季各区域需要

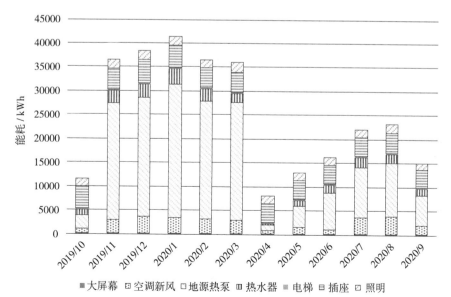

图 3.22 建筑全年总能耗数据（不含太阳能发电）

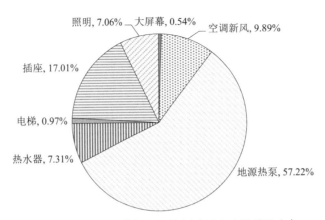

图 3.23 各分项能耗所占比例（不含太阳能发电）

经常开启空调系统，尤其是展示大厅、交易大厅、银行等公共区域，因此地源热泵的能耗占比最大；而办公室内的办公人员较少，且公共区域的人员随机性较大，因此插座与照明所消耗的电量较少。

《民用建筑能耗标准》GB/T 51161—2016 对寒冷地区 B 类商业办公建筑能耗指标的约束值和引导值分别为 80kWh/（$m^2 \cdot a$）和 60kWh/（$m^2 \cdot a$），与之对比，中新生态城公屋展示中心全年单位面积能耗指标 86.1kWh/（$m^2 \cdot a$），考虑太阳能光伏发电后单位面积能耗指标为 49.9kWh/（$m^2 \cdot a$），低于引导值，建筑整体可再生能源贡献率约为 42.0%。

根据国家发改委发布的《2011 年和 2012 年中国区域电网平均 $CO_2$ 排放因子》，华北区域电网的平均 $CO_2$ 排放因子为 0.8843kg $CO_2$/kWh，本项目扣除光伏发电后全年耗电量为 125469.49kWh，经换算，本项目全年运营产生 110.95t $CO_2$，单位面积碳排放为 32.00kg $CO_2$/$m^2$。

# 3.4 总结

中新天津生态城公屋展示中心在供冷季、供暖季分别有 89.8% 和 90% 的时间能够达到《民用建筑供暖通风与空气调节设计规范》GB 50736—2012 标准中的室温舒适度要求，2019 年 10 月至 2020 年 9 月的单位面积建筑能耗为 49.9kWh/$m^2$，远低于《民用建筑能耗标准》GB/T 51161—2016 中寒冷地区 B 类商业办公建筑能耗的引导值 60kWh/（$m^2 \cdot a$）的限值。建筑运行能耗较低的原因还得益于高温冷水地源热泵、太阳能光伏和热水系统以及智能化照明技术，为我国寒冷地区办公建筑和商业建筑的绿色低碳发展提供了优质的案例。

# 4 河北省建筑科技研发中心科研楼

刘丹

河北建研工程技术有限公司

## 4.1 项目简介

河北省建筑科技研发中心科研楼位于河北省石家庄市槐安西路 395 号，处于该中心院内西南侧。石家庄市的建筑热工分区属于寒冷 B 区，温带季风气候，太阳辐射季节性变化显著，年总日照时数为 1916.4 ~ 2571.2h，具有丰富的太阳能资源。

本项目为南北朝向，占地面积 2100.55m²，总建筑面积 14527.17m²，地上建筑面积 12362.3m²，地下面积 2164.87m²。建筑共 7 层，地下 1 层，地上 6 层，建筑高度 23.55m，体形系数为 0.161，符合紧凑型设计原则，案例整体外观如图 4.1 所示。主体结构采用混凝土框架结构，建设性质为办公楼，一到六层功能为建筑节能新技术展示、节能技术研发及试验、办公及小型会议室等，地下一层为车库、设备用房。本项目从 2012 年开始规划设计，至 2015 年全部竣工，

图 4.1 河北省建筑科技研发中心科研楼外观

是我国首个"被动式低能耗公共建筑"示范工程,并于2014年获得三星级绿色建筑设计评价标识。

# 4.2　低碳节能技术

该项目坚持"以人为本"的设计思想,遵照"被动技术优先、主动技术优化、可再生能源综合利用、能源高效利用"的绿色、节能设计理念。在建设过程中广泛采用建筑节能和可再生能源利用技术、各种新型材料及智能化楼宇控制技术,建设成了全国一流的低碳、节能、绿色、环保公共建筑示范案例。建筑采用的节能低碳技术措施如图4.2所示。

| 被动式节能技术 | 主动式节能技术 | 智慧楼宇技术 |
|---|---|---|
| 1.高效围护结构保温技术<br>2.自然通风技术<br>3.外遮阳技术<br>4.天然采光技术 | 1.高效冷热源系统<br>2.高效新风机组 | 1.智能照明控制技术<br>2.能耗智能监控技术 |

图 4.2　低碳节能技术

## 4.2.1　被动式节能技术

1)高效围护结构保温技术

项目选用高效的外围护结构保温无热桥处理技术,设计过程中利用防热桥计算软件进行计算,得到防热桥处理的保温层最佳厚度,并对经过保温处理的热桥部位内表面温度进行验算,以达到最优效果。施工时严格按照图纸将保温层错缝搭接施工,并保证保温层接合密实、无缝隙,部分施工过程如图4.3所示。围护结构各部位传热系数如表4.1所示。

图 4.3　穿墙管防热桥(左)和支架防热桥(右)

围护结构传热系数 表 4.1

| 围护结构部位 | 主体构造及保温层材质与厚度 | 传热系数 /[W/（m²·K）] |
|---|---|---|
| 屋面 | 100mm 混凝土 +220mm 挤塑聚苯板 | 0.14 |
| 外墙 | 200mm 加气混凝土砌块 +220mm 石墨聚苯板 | 0.127 |
| | 300mm 钢筋混凝土 +220mm 石墨聚苯板 | 0.138 |
| 接触室外的楼板 | 100mm 钢筋混凝土 +220mm 石墨聚苯板 | 0.144 |
| 非空调和空调房间的隔墙和楼板 | 120mm 钢筋混凝土 +220mm 挤塑聚苯板 | 0.145 |
| 外窗 | 5mm 三银 Low-E+12mm 氩气 +5mmC+12mm 氩气 +5mm 单银 Low-E 全钢化 | 1.0 |

2）自然通风技术

为优化建筑的自然通风情况，利用中庭来增强热压通风效果，并在采光中庭顶部设计电动开启外窗和机械排风措施，如图 4.4 所示。在过渡季节或休息日，自动打开中庭侧面天窗，热气流上行，提高建筑内自然通风效果，从而降低能耗。

图 4.4 采光中庭室内通风口（左）和室外强化通风设备（右）

3）外遮阳技术

本项目南向外窗采用固定遮阳技术，东西向外窗和中庭采光井透明屋顶采用可调节卷帘外遮阳系统，如图 4.5 所示。遮阳百叶可以根据太阳高度角和室外天气情况自动进行升降和角度的调整，防止夏季强烈的阳光透过窗户玻璃直接进入室内，同时实现冬季利用窗户得热的目的，使室内采光得热达到最佳平衡，同时有效改善室内热环境、降低空调能耗、提高舒适度。

4）天然采光技术

为了降低建筑的照明能耗，建筑设计两个采光中庭，自然光可通过采光中庭照射到室内，从而削弱大进深对室内天然采光的影响，如图 4.6 所示。地下

图 4.5 外遮阳卷帘

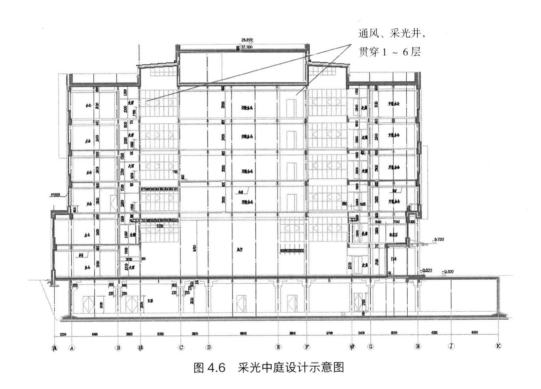

图 4.6 采光中庭设计示意图

室照明则选用导光管照明技术。导光管照明系统通过室外的采光装置捕获日光，并将其导入系统内部，经过光导装置强化并高效传输后，由漫射器将自然光均匀导入室内需要光线的任何地方，具有节能、环保、健康、安全等优点。建筑天然采光形式如图 4.7 所示。

图 4.7 地下室导光管照明（左）和顶层水平采光屋面（右）

### 4.2.2 主动式节能技术

1）高效冷热源系统

本项目空调系统采用风机盘管加独立新风系统，冷热源形式为地源热泵。空调水系统为两管制一次泵变流量系统，冷水立管及各层支管均为异程式系统，并采用定压罐定压。空调系统采用竖向分区，横向按照防火分区和建筑使用功能设置空调系统。图 4.8 和图 4.9 分别展示了夏季和冬季不同的运行工况。

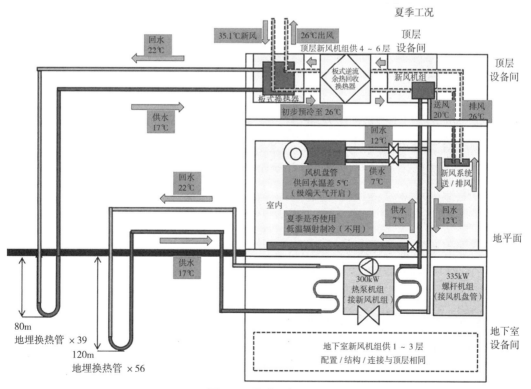

图 4.8 夏季运行工况

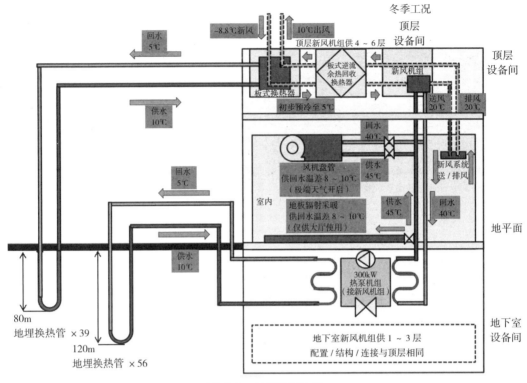

图 4.9 冬季运行工况

　　地源热泵机组在室外设置了两组双 U 型地埋管,热泵机组在冬夏季运行时,同时供应新风机组和风机盘管制冷制热用水。地源热泵机组冷冻及冷却侧均为变频水泵,机组运行由智能控制系统根据末端负荷进行实时调节。其中一组地埋管有 56 个,埋深 120m,与热泵机组相连,螺杆机组制冷量 300.6kW,功率52.3kW,额定制冷性能系数为 5.75;另一组地埋管 39 个,与高效排风热回收系统相连。热泵机组能效如图 4.10 所示,机房实景如图 4.11 所示。

　　2)高效新风机组

　　本项目设计两台带预热 / 冷和再热 / 冷模式的新风机组,一台布置于负一层设备间内,为一至三层供给新风,热回收效率 77.2%;另一台布置于屋顶设备间内,为四至六层供给新风,热回收效率 79%,机组外观如图4.12 所示。两台新风机组均具有变频和自控功能,根据室内 $CO_2$ 浓度进行启停和风量调节。预热 / 冷由地源热

图 4.10　热泵机组能效实拍图

图 4.11　机房实拍图

泵系统中的地埋管直接供给，再热 /
冷由热泵机组负担，综合根据室内运
行工况，控制预热 / 冷和再热 / 冷的
运行模式。

### 4.2.3　智慧楼宇技术

1）智能照明控制技术

本项目采用智能照明控制技术，
通过选用节能灯具和采取合理的节能
控制措施，实现照明系统的节能、自
动化控制，如图 4.13 所示。本项目
的一层大厅、会议室等公共活动房间
采用遥控多情景模式调节；室内照明
均采用高光效光源和高效无眩光灯
具，并配用节能型电子镇流器，功率
因数不小于 0.9；办公室照明的用电
设备在人员离开后的 1 ～ 4min 内自
动关闭；楼梯间、电梯前室、走廊等
公共部位的照明均采用高效节能光
源，除电梯前室照明外，公共部位照
明均选用 LED 红外感应开关，根据
人流控制灯具启闭，减少了声光控开
关启动时的噪声，增加了控制的准确

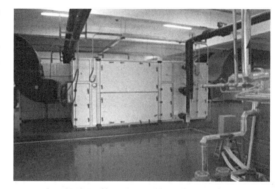

图 4.12　具有预热 / 冷和再热 / 冷功能的新风机组

图 4.13　节能灯具及智能控制

性；地下车库采用光导照明，将室外的自然光导入地库，可取代部分区域白天的电力照明；动力设备及开关等电器设备选用国家认可的节能型产品，如节能电梯。

2）能耗智能监控技术

本项目采用建筑能耗监测管理系统平台，对建筑的水、电等分类能耗进行监测管理，对能耗数据（照明插座用电、空调用电、动力用电、特殊用电分项能耗）进行逐时记录分析，系统界面如图 4.14 所示。能耗监测管理系统一方面可以在大量原始数据的基础上，分析不同业态、不同设备、不同用户的用能特点，寻找最优的节能运营方案，指导未来智能建筑的节能设计；另一方面通过实时监控这些数据，调控空调系统等用能设备，可营造更加舒适、节能的室内环境。

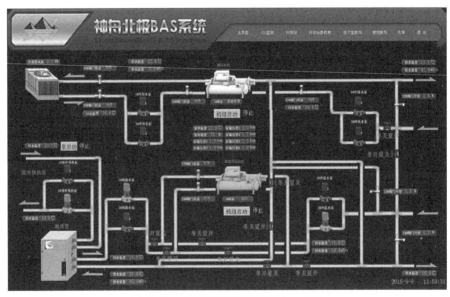

图 4.14 能耗监测管理系统平台界面

## 4.3 技术经济分析

### 4.3.1 室内环境分析

为保障低能耗情况下建筑物服务水平达标，于 2018 ~ 2019 年度对建筑的室内温度进行监测，分别在一层、四层、六层的东、南、西、北四个房间位置布置测点，选取每一层的室内温度平均值进行分析。

（1）供冷季

供冷季监测时间为 2019 年的 7 月 31 日至 8 月 31 日，三个楼层的室内温度均分布在 24 ～ 27℃，如图 4.15 所示。监测期间一层室内温度波动较大，平均值为 25.3℃，最大值和最小值分别为 26.3℃、24.3℃；四层室内温度的平均值为 25.7℃，最大值和最小值分别为 26.3℃、24.8℃；六层室内温度的平均值为 25.8℃，最大值和最小值分别为 26.5℃、24.8℃。可以看出，楼层越高，夏季的室内平均温度越高，同时温度的最大值与最小值也最高，主要是因为一层为大厅，室内热源较少，且热空气向上流动也导致高楼层室温较高。

图 4.15 供冷季室内温度情况

由于监测数据仅有室内温度，因此仅参考标准对室温参数的要求范围判定舒适度。三个楼层的室内温度均能达到《民用建筑供暖通风与空气调节设计规范》GB 50736—2012 标准中对于夏季人工环境下，室内温度设计参数 24 ～ 28℃ 的要求。一层、四层、六层分别有 98.3%、95.0%、86.7% 的时间内能够达到Ⅰ级舒适度（24 ～ 26℃）对室内温度的要求。可见，本项目的供冷季室内热环境良好。

（2）供暖季

供暖季监测时间为 2018 年的 11 月 23 日至 2019 年 3 月 2 日，三个楼层的室内温度大多分布在 17 ～ 25℃，如图 4.16 所示。

监测期间一层室内温度波动较大，最大值和最小值分别为 21.5℃、17.5℃，平均值为 20.3℃；四层室内温度的平均值为 23.3℃，最大值和最小值分别为 24.5℃、21.5℃；六层室内温度平均值为 22.2℃，最大值和最小值分别为 23.5℃、20.5℃。

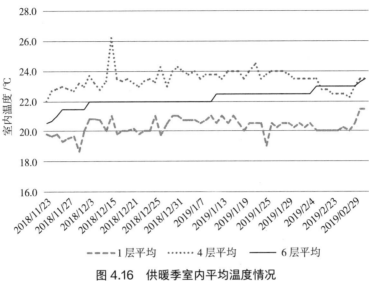

图 4.16　供暖季室内平均温度情况

三个楼层的室内温度均能达到《民用建筑供暖通风与空气调节设计规范》GB 50736—2012 标准中对于冬季人工环境下，室内温度设计参数 18 ~ 24℃的要求。其中，四层和六层分别有 94.9%、82.4% 的时间内能够达到Ⅰ级舒适度（22 ~ 24℃）对室内温度的要求。可见，本项目供暖季的室内热环境良好。一层室内温度相对较低是冬季频繁开启大厅门所致。

### 4.3.2　运行能耗分析

本项目 2018 年 11 月至 2019 年 10 月全年能耗为 374551.2kWh，单位面积能耗 25.8kWh/（m²·a），全年各分项能耗所占比例如图 4.17 所示。建筑主要用电消耗为照明插座用电，单位面积能耗为 9.65kWh/（m²·a），占建筑总耗电量

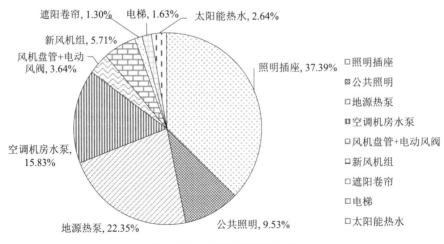

图 4.17　全年分项能耗比例

的 37.39%；空调机房水泵用电，单位面积能耗为 4.08kWh/（m²·a），占建筑总用电的 15.83%；地源热泵系统单位面积能耗为 5.77kWh/（m²·a），占 22.35%；其他各项单位面积能耗为 6.30kWh/（m²·a），占比 24.43%。

本项目各用能系统和设备的逐月耗电量和比例如图 4.18 所示。建筑以办公为主，兼顾展示，因此全年各月的照明插座用电始终占比最多且较为接近。公共照明和电梯的用电不受季节影响，因此每个月的用量都差别不大。而地源热泵、空调机房水泵和风机盘管的耗电量具有明显的季节性变化。

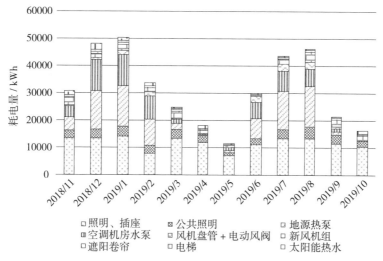

图 4.18 各用能系统和设备逐月用电量柱形图

《民用建筑能耗标准》GB/T 51161—2016 对寒冷地区 B 类商业办公建筑能耗指标的约束值和引导值分别为 80kWh/（m²·a）和 60kWh/（m²·a），与之对比，河北省建筑科技研发中心科研楼全年建筑能耗为 25.8kWh/（m²·a），远低于能耗标准引导值要求，节能效果良好。

根据国家发改委发布的《2011 年和 2012 年中国区域电网平均 $CO_2$ 排放因子》，华北区域电网的平均 $CO_2$ 排放因子为 0.8843kg $CO_2$/kWh，本项目全年耗电量为 374551.2kWh，经换算，本项目全年运营产生 331.22 t $CO_2$，单位面积碳排放为 22.80kg $CO_2$/m²。

### 4.3.3 经济效益分析

本项目被动区域建筑面积 12362.3m²，建造被动式低能耗建筑所增加的成本为 919.9 万元，平均每平方米增加造价约 744.1 元。与计算机仿真模拟的 50% 节能建筑相比，本项目制冷、采暖、通风、照明等年运行可节省电量

986142.2kWh。按照石家庄商业用电电价 0.86 元 /kWh 计,年节省电费 8.48 万元,按照静态回收期计算,投资回收期为 10.8 年,各部分成本增量如表 4.2 所示。

成本增量计算结果　　　　　　　　表 4.2

| 案例 | | 单位建筑面积增量 /（元 /m²） | 应用面积 /m² | 成本增量 / 万元 |
|---|---|---|---|---|
| 建筑成本 | 建筑 | 25 | 14527.17 | 36.3 |
| | 外墙保温 | 92.9 | 4500 | 135.0 |
| | 地面、屋面保温 | 110.2 | 4155.5 | 160.1 |
| | 外窗 | 125.3 | 1400 | 182.0 |
| | 外门 | 9.8 | 57.2 | 14.2 |
| | 幕墙 | 38.5 | 224 | 55.9 |
| | 采光顶 | 31.7 | 184 | 46.1 |
| | 节点做法 | 15 | 14527.17 | 21.8 |
| 小计 | | | | 651.4 |
| 节能技术 | | | 应用数量 | 成本增量 / 万元 |
| 可调节外遮阳（含采光顶） | | | 387m²+184m² | 44.5 |
| 光导照明 | | | 2 套 | 3.5 |
| 太阳能热水系统 | | | — | 3.7 |
| 光伏发电系统 | | | — | 5.6 |
| 新风系统 | | | — | 40.7 |
| 楼宇自控 | | | — | 106.0 |
| 能耗监测平台 | | | — | 16.6 |
| 小计 | | | | 872.0 |
| 不可预见费 3% | | | | 26.2 |
| 管理费 2.5% | | | | 21.8 |
| 合计 | | | | 919.9 |

# 4.4　总结

河北省建筑科技研发中心科研楼以办公为主,兼顾展示的公共建筑,照明插座能耗占比最大,为总耗电量的 37.39%,可见,若建筑未使用太阳能光伏发电系统及智能照明控制技术,照明分项能耗将占比更大。另外,建筑使用了智慧楼宇技术,有助于营造更加舒适的室内环境,同时取得了较好的节能效果。项目 2018 年 11 月至 2019 年 10 月的全年单位面积能耗指标为 25.8kWh/（m²·a）,远低于《民用建筑能耗标准》GB/T 51161—2016 中寒冷地区 B 类商业办公建筑能耗指标引导值 60kWh/（m²·a）的限值。

# 5 天友绿色设计中心

任军 郭润博
天津市天友建筑设计股份有限公司

## 5.1 项目简介

天友绿色设计中心为既有建筑改造案例，位于天津市华苑产业园区开华道17号。改造前为普通5层电子厂房，建筑形象平庸且能耗水平较高。经2012年改造后成了超低能耗绿色办公楼，荣获全国绿色建筑创新奖一等奖、三星级绿色建筑设计标识、住建部示范工程等奖项。

本项目建筑面积5700m²，高25m，为5层建筑，局部6层。建筑一层为展厅、会议室、图书档案室和能源机房等，二至五层为办公区，可供600人办公使用，六层为加建的健身活动房、餐厅等，建筑外观如图5.1所示。

图5.1 建筑改造前（左）和建筑改造后（右）

## 5.2 低碳节能技术

本项目集规划、设计、施工、运行于一体，以"被动式节能技术优先、主动式建筑优化"为设计理念，综合利用高性能围护结构和可调节外遮阳系统等手段来获取或阻挡室外环境的热量，不追求单一建材和设备的"高效"，而是

| 被动式节能技术 | 主动式节能技术 | 节能高效运行策略 |
|---|---|---|
| 1. 高效围护结构保温技术<br>2. 外遮阳技术<br>3. 天然采光技术 | 1. 可再生冷热源系统<br>2. 高效节能空调末端<br>3. 自控与监测系统<br>4. 行为节能 | 1. 夏季运行策略<br>2. 过渡季运行策略<br>3. 冬季运行策略 |

图 5.2　低碳节能技术

关注综合能效是否可达到低能耗的目的。图 5.2 展示了本项目采用的经济、高效的低碳节能技术。

### 5.2.1　被动式节能技术

1）高效围护结构保温技术

建筑外墙敷设 100mm 厚岩棉保温层，传热系数为 0.3W/（m² · K）。除此之外，首层南侧利用旧的黑色石材，结合玻璃层，形成被动式蓄冷蓄热的特朗勃墙，在冬季有阳光时通过热压作用向室内提供热量，以降低热负荷，其结构如图 5.3所示。在三层的边庭设置麦秸板材质的活动隔热墙，夏季和冬季夜间可以通过人工开闭，调节室内得热量，同时应对室外天气变化。此外，在建筑首层的主出入口设置门斗和挡风墙，有效减少冬季西北风的冷风渗透。

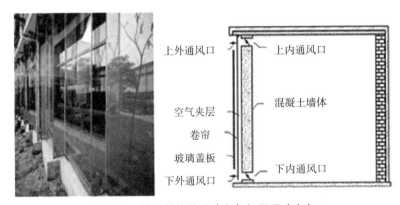

图 5.3　特朗勃墙外观（左）与原理（右）

2）外遮阳技术

建筑南向采用 50mm 厚的铝合金电动外遮阳帘，夏季阻挡太阳辐射进入室内，可减少空调能耗约 15%，冬季则可完全升起使阳光充分射入。东西向采用了分层拉丝式垂直绿化，既可以减少夏季太阳辐射，又提供了优美的立面景观。以上两种外遮阳技术如图 5.4 所示。

图5.4　电动外遮阳（左）和分层拉丝式垂直绿化（右）

3）天然采光技术

在采光方面，设计时将楼梯、卫生间、辅助空间、会议室等非经常使用的功能房间安置在北面，将开敞的办公空间布置在南面，增大南向的外窗面积，使窗墙比达到0.4，因此冬季可充分吸收太阳光和热能，减少供热负荷和照明负荷。而北向的窗墙比为0.2，可在满足采光的前提下减小窗的面积，减少室内外的热量传递。

建筑加建的天窗和边庭采用了40mm厚的轻质聚碳酸酯幕墙，其传热系数为1.1W/（m²·K），远低于Low-E玻璃，该幕墙既提供半透明的漫射光线，又提升保温性能。在建筑南向设置反光板，将自然光反射到屋顶再折射至工作区，从而增强天然采光，降低室内照明设备开启率。新型幕墙和反光板如图5.5所示。

图5.5　边庭轻质聚碳酸酯幕墙（左）和南向反光板（右）

### 5.2.2 主动式节能技术

本项目采取的主动式节能技术主要包括三个方面：一是采取低碳节能的可再生冷热源系统；二是选用性能优良的高效设备；三是建立无人值守的全方位自动监测控制系统。

1）可再生冷热源系统

本项目空调系统冷热源采用地源热泵与水蓄能联合运行的方式，共埋设59个双U形地埋管，埋深100m，间距4.5m。热泵机组采用模块化高、低温两种机组，根据季节变化调节运行台数，实现负荷的合理调配。高、低温热泵机组能在夏季分别制取高、低温冷冻水，分别向地板辐射供冷末端和新风换热机组提供高温冷水和低温冷水，利用高温水降温（消除室内显热负荷）可提高机组的性能，同时用低温水除湿（消除室内潜热负荷）。

为进一步提升空调系统的性能，在建筑前广场东北角设有半径2m、高5m、体积约60m³的圆柱体立式蓄能水罐。通过利用电网的峰谷电价差，在夜间低谷电价时段利用热泵机组向蓄能罐内蓄能（蓄冷或蓄热），白天则关闭热泵机组，蓄能罐配合辐射地板或其他末端进行供能，实现主机的避峰运行。这种运行模式既符合国家电网"削峰填谷"的能源政策，又可节省空调系统的运行费用，本项目的整体系统形式如图5.6所示。冷热源系统的机组性能参数如表5.1所示。

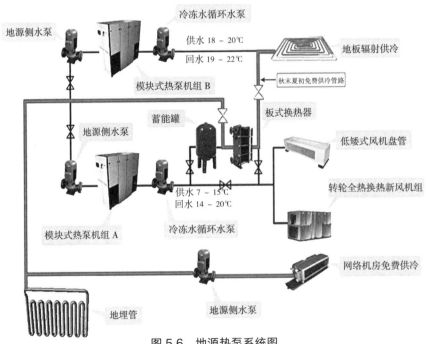

图 5.6　地源热泵系统图

机组的性能参数                                          表 5.1

| 设备 | 蓄能 – 制冷量 /kW | 蓄能 – 供热量 /kW | 直供 – 制冷量 /kW | 直供 – 供热量 /kW | 数量 / 台 |
| --- | --- | --- | --- | --- | --- |
| A 模块式水水热泵机组 | 63 | 68 | 70 | 71 | 3 |
| B 模块式水水热泵机组 | — | — | 86 | 72 | 2 |

2）高效节能空调末端

空调末端采用了以模块式地板辐射为主的方式，除常规的风机盘管加全热轮转式新风系统外，还采用了多种高效节能的空调末端，包括主动式冷梁、被动式冷梁、地板对流空调器、工位送风、变风量空调（VAV）、个性化末端、低矮风机盘管、变频风机盘管等，如图 5.7 所示。地板辐射末端采用高性能毛细管材，既能冬季供暖又能夏季供冷，改变了人们在办公场所不能使用地板辐射供冷装置的观念。

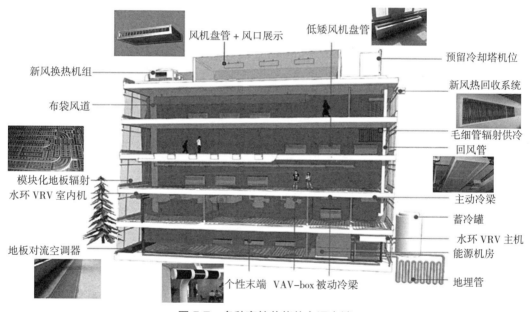

风机盘管 + 风口展示　　低矮风机盘管

新风换热机组　　　　预留冷却塔机位

布袋风道　　　　　　新风热回收系统

毛细管辐射供冷
回风管

模块化地板辐射
水环 VRV 室内机　　　主动冷梁

蓄冷罐

地板对流空调器　　　水环 VRV 主机
能源机房

地埋管

个性末端　VAV-box　被动冷梁

图 5.7　多种高效节能的空调末端

3）自控与监测系统

为实现建筑自动化的低能耗运行，并满足室内人员舒适度要求，本项目配备了先进的自控和监测系统，如图 5.8 所示，主要包括室外气象站、室内空气温湿度传感器、$CO_2$ 传感器、地板温度传感器、蓄能罐传感器、智能化热量表等。传感器结合直接数字控制器 DDC，可实现计算机联网的动态运行调节，并可根据室外气象参数对主机、新风机组、风机盘管等设备进行远程控制，实现分室、分区监测与控制，营造舒适的室内工作环境。

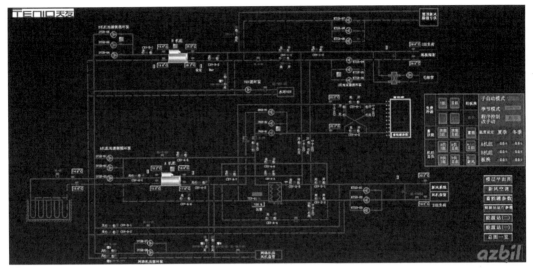

图 5.8　自控与监测系统

4）行为节能

在采用主动式节能技术实现低能耗运行之外，本项目还通过制度和行政管理的手段鼓励员工的节能行为，如开窗控制、人走关灯、随时关闭外门等，减少不必要的能源浪费。同时，编写绿色办公室使用说明书，制定部门和楼层节能惩罚措施，倡导员工树立节能低碳的意识。除此之外，还通过即时公布建筑能耗监测数据，让室内人员对楼内能耗情况有一个直观的感受，从而强化节能意识。

### 5.2.3　节能高效运行策略

天友绿色设计中心能够实现低能耗运行，很大程度上归功于不同季节的优化控制策略，通过将自然通风、吊扇启停与空调系统联合运行，实现不同时间不同空间的控制模式优化。本项目相对于普通公共建筑来说，优化控制策略是主要的技术亮点，运行策略遵循以下原则：

（1）利用自然通风，减少主机开启时间；

（2）缩短新风机组开启时间，减小新风、排风风量；

（3）空调末端夏高冬低的变水温控制；

（4）利用外遮阳起落节能，夏季阻挡阳光，冬季吸收阳光；

（5）充分利用自然冷源；

（6）峰谷电价的合理运用；

（7）充分利用无动力末端——地板辐射。

1) 夏季运行策略

在初夏, 室外温度不太高时, 优先开启外窗利用自然通风消除室内余热, 当自然通风不满足需求时, 开启吊扇, 利用机械通风与自然通风相结合增强对流换热的效果。当气温升高、开启吊扇不能满足室温要求时, 则利用室外地埋管内的低温水与室内地板辐射供冷的管路换热, 降低室内地板辐射管路的水温, 由此实现自然冷源利用。当夏季室外进入高温高湿阶段, 单一的地板辐射供冷已无法实现室内温湿度的要求时, 则关闭外窗, 开启热泵机组制冷。夜间 (23: 00 ~ 次日 7: 00) 地板辐射末端由地源侧提供低温水, 工作时段 (7: 00 ~ 17: 30) 热泵主机制取低温水提供给风机盘管或新风机组进行供冷除湿。夏季运行策略如表 5.2 所示。

夏季空调运行策略
表 5.2

| 阶段 | 自然供冷 | | 热泵机组供冷 | | 自然供冷 | |
|---|---|---|---|---|---|---|
| 控制 | 开 | 关 | 开 | 关 | 开 | 关 |
| 日期 | 6月3日 | 7月7日 | 7月8日 | 9月2日 | 9月3日 | 9月22日 |
| 运行时长 | 36 (26) d | | 57 (41) d | | 20 (14) d | |
| 供水水温 | 地源侧水温由 13℃ 逐渐升至 18℃ | | 低温热泵机组 7℃; 高温热泵机组 20℃ | | 地源侧水温由 18℃ 逐渐升至 20℃ | |
| 空调末端 | 地板辐射供冷 | | 地板辐射供冷 + 新风除湿 + 风机盘管除热和除湿 | | 地板辐射供冷 | |
| 吊扇 | 按个人需求开启 | | | | | |

2) 过渡季运行策略

在过渡季节, 关闭空调末端的总开关, 防止由于人员操作失误而将末端设备打开。同时开启所有外窗, 采用自然通风消除室内余热, 必要情况下, 联合开启吊扇增强对流换热, 增加室内舒适度。

3) 冬季运行策略

在冬季, 热源系统开启高、低温地源热泵机组与蓄能罐联合供暖, 末端系统则采用地板辐射和风机盘管。23: 30 ~ 次日 7: 00 开启低温机组 A 给蓄能罐蓄热, 0: 00 ~ 7: 00 / 1: 30 ~ 7: 30 开启高温机组 B 给地板辐射末端预热, 实现了低谷电价时段双蓄能 (A 机组给蓄能罐蓄热, B 机组给地板辐射末端蓄热) 的运行状态; 白天则关闭低温机组 A, 蓄能罐将夜间储存起来的热能在 7: 30 ~ 17: 00 之间传输给一至二层的风机盘管。当天气晴好日照充足时, 14: 00 ~ 17: 30 开启高温机组 B 直供地板辐射满足室内供热需求; 若无阳光时，则高温机组 B 开启的时间提前至 11：00。采用夜间双蓄的运行策略后，8：00 ~ 14：00 时段内，三 ~ 五层无需提供任何空调热源，南向大窗墙比外围护结构可充分吸收太阳辐射热，同时结合地板辐射末端预存的热量，维持室温在人体舒适的范围内。另外，一 ~ 二层的风机盘管使用蓄能罐储存的热量即可满足全天供热需求。除此之外，只有在 14：00 ~ 17：00 需要开启 B 机组供热，从而使得白天高峰电价时段空调供暖系统的电耗峰值显著降低，由此节省大量运行费用，冬季综合运行策略如表 5.3 所示。

冬季运行策略 表 5.3

| 时段 | 时间 | 策略 |
| --- | --- | --- |
| 11 月 1 日 ~ 11 月 30 日 | 0：00 ~ 7：00 | B 机组直供地板辐射 |
| | 23：30 ~ 次日 7：00 | A 机组向蓄能罐蓄热 |
| | 6：30 ~ 11：00 | 蓄能罐向 1 层风机盘管供热 |
| | 11：00 ~ 16：00 | 蓄能罐向地板辐射供热 |
| 12 月 1 日 ~ 3 月 1 日 | 23：30 ~ 次日 7：00 | A 机组向蓄能罐蓄热 |
| | 6：30 ~ 17：30 | 蓄能罐向 1、2 层风机盘管供热 |
| | 1：30 ~ 7：30 | B 机组直供地板辐射 |
| | 14：00 ~ 17：30（日照充足） | B 机组直供地板辐射 |
| | 11：00 ~ 17：00（日照不足） | B 机组直供地板辐射 |

## 5.3 运行效果分析

### 5.3.1 室内环境分析

1）室内热湿环境

本项目建立了建筑室内环境实时监测和运营管理系统，下面提取监测平台的夏季室内参数进行分析（监测时间段：2020 年 6 月 1 日 ~ 2020 年 9 月 30 日），如图 5.9 所示。该典型房间为 5 层办公室，夏季室内温度平均为 25.4℃，最大值为 27.4℃，最小值为 24.03℃；相对湿度平均为 66.9%，最大值和最小值分别为 80.91% 和 49.31%。

供冷季监测期共 122d，全部能够达到《民用建筑供暖通风与空气调节设计规范》GB 50736—2012 标准中供冷工况的室内舒适度要求，具体比例如图 5.10 所示。其中 102d 能够达到 I 级舒适度（温度 24 ~ 26℃）要求，占比 83.6%；20d 能够达到 II 级舒适度（温度 26 ~ 28℃）要求，占比 16.4%。

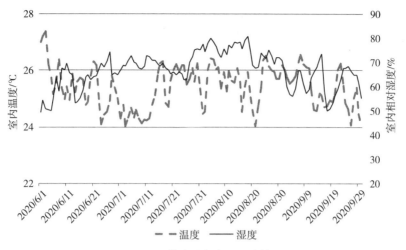

图 5.9 供冷季室内温湿度情况

建筑的末端形式以模块式地板辐射为主，因此需配合合适的独立除湿机组，但由于行为节能策略的限制，室内人员首先通过吊扇和自然通风增强对流，虽然对室内的除湿效果甚微，但对流的增强会提高人体的舒适性感受，因此人员的满意度较高。

2）室内 $CO_2$、$PM_{2.5}$

监测期间典型办公室的室内 $CO_2$ 浓度平均值为 564ppm，日均浓度最大值和最小值分别为 779ppm 和 409ppm，全部满足《室内空气质量标准》GB/T 18883—2002 规定的 1000ppm 的限值要求，如图 5.11

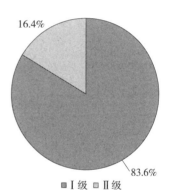

图 5.10 供冷季室内温湿度达标情况

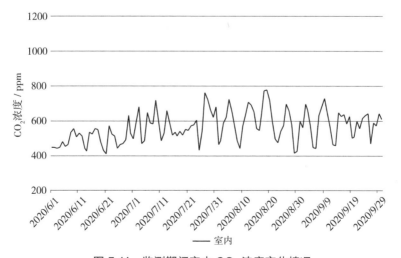

图 5.11 监测期间室内 $CO_2$ 浓度变化情况

所示。$PM_{2.5}$ 浓度平均值为 29.6μg/m³，日均浓度最大值和最小值分别为 57.5μg/m³ 和 5.1μg/m³，全部满足《环境空气质量标准》GB 3095—2012 的 II 级浓度限值 75μg/m³ 的要求，其中有 80d 达到了《环境空气质量标准》GB 3095—2012 中 24h 均值低于 35μg/m³ 的 I 级浓度限值要求，如图 5.12 所示。

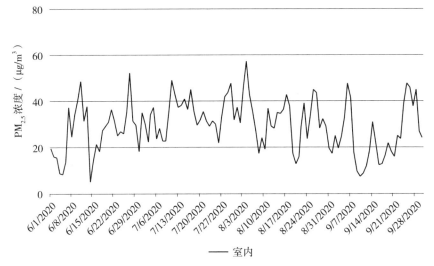

图 5.12　监测期间室内 $PM_{2.5}$ 浓度变化情况

## 5.3.2　运行能耗分析

天友绿色设计中心 2019 年 3 月至 2020 年 2 月的全年能耗为 246861.1kWh，单位面积能耗指标为 43.30kWh/（m²·a）。空调设备能耗占总能耗的 21.23%，能耗指标为 9.20kWh/（m²·a）；照明和设备用电占总能耗的 78.77%，能耗指标为 34.10kWh/（m²·a），能耗分布情况如图

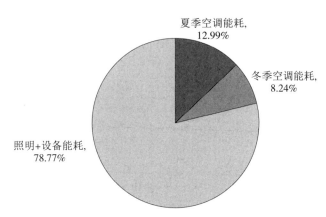

图 5.13　建筑全年能耗比例分布

5.13 所示。另外，图 5.14 展示了全年逐月分项能耗的分布情况，可以看出，供冷季能耗峰值出现在 8 月，而供暖季能耗峰值出现在 12 月，符合天津市的气候特点。由于地源热泵系统的自然冷源运行策略,6 月和 9 月的设备能耗非常低，与 7、8 月相比具有明显的阶梯式下降。从全年来看，无论是纵向对比相关节能标准，还是横向对比其他普通办公建筑，本项目的能耗都处于非常低的水平。

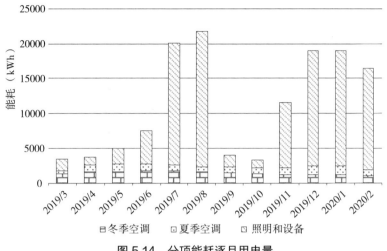

图 5.14 分项能耗逐月用电量

天友绿色设计中心 2019 年 3 月至 2020 年 2 月全年仅工作时间的能耗为 155431.06kWh，单位面积能耗指标为 27.27kWh/（$m^2 \cdot a$）。空调设备能耗 25335.26kWh，占总能耗的 16.29%，单位面积能耗指标为 4.44kWh/（$m^2 \cdot a$），其中夏季空调能耗 16286.95kWh，冬季空调能耗 9048.31kWh；照明和设备能耗为 130095.80kWh，占总能耗的 83.71%，能耗指标为

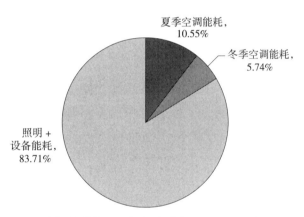

图 5.15 建筑全年工作时间能耗比例分布

22.82kWh/（$m^2 \cdot a$），本项目能耗分布情况如图 5.15 所示。可以看出，工作时间内照明和设备的能耗远大于空调系统能耗，符合办公建筑的特点，办公人员及设备数量的多少决定了照明和设备耗电量占总能耗的具体比例。同时也证明，本项目所采用的被动式与主动式节能技术能够有效降低空调系统运行能耗。

《民用建筑能耗标准》GB/T 51161—2016 对寒冷地区 B 类商业办公建筑能耗指标的约束值和引导值分别为 80kWh/（$m^2 \cdot a$）和 60kWh/（$m^2 \cdot a$）。本项目全年单位面积能耗指标为 43.31kWh/（$m^2 \cdot a$），全年仅工作时间能耗指标为 27.27kWh/（$m^2 \cdot a$），均远低于标准引导值。

根据国家发改委发布的《2011 年和 2012 年中国区域电网平均 $CO_2$ 排放因子》，华北区域电网的平均 $CO_2$ 排放因子为 0.8843kg $CO_2$/kWh，本项目全年耗电量为 246861.1kWh，经换算，本项目全年运营产生 218.30t $CO_2$，单位面积碳排放为 38.30kg $CO_2/m^2$。

# 5.4 总结

天友绿色设计中心为室内人员提供了健康、舒适的室内环境，同时实现了运营中超低能耗的目标，项目 2019 年 3 月至 2020 年 2 月的全年能耗为 246861.1kWh，单位面积能耗指标为 43.30kWh/（$m^2 \cdot a$）。全年仅工作时间的能耗为 155431.06kWh，单位面积能耗指标为 27.27kWh/（$m^2 \cdot a$），均远低于《民用建筑能耗标准》GB/T 51161—2016 对寒冷地区 B 类办公建筑能耗的引导值 50kWh/（$m^2 \cdot a$）限值的要求。本项目实现建筑低能耗运行的主要原因在于有效的控制策略，包括夏季利用自然通风，冬季利用水蓄能等策略，充分实践部分时间和部分空间的控制模式，优先使用自然通风、天然采光，此外，有效推广行为节能，建筑的设计者和使用者为同一家单位，因此设计者可以充分把握需求，在设计时制定空调系统、照明系统、新风供应和电梯运行等各方面的行为节能规范，使得室内环境品质的提升和能耗的降低可以兼得，为我国寒冷地区办公建筑的绿色低碳发展提供优秀案例。

# 6 广东省建科院检测实验大楼

黄志锋
广东省建筑科学研究院集团股份有限公司

## 6.1 项目简介

广东省建科院检测实验大楼位于广州市，总建筑面积 17342.9m²，地下建筑面积为 4833.4m²。本项目为办公楼，地上 12 层，地下 2 层，地下为车库和人防工程，一至十一层为办公室，十二层为会议室，如图 6.1 所示。本项目于2014 年投入使用并获得绿色建筑设计标识。

图 6.1 案例外形图

# 6.2  低碳节能技术

本项目在创建过程中召开了多次绿色低碳建筑工作会议，对各项建筑技术进行了分析和调研，最终确定了适合项目实际情况的技术。本项目遵循可持续发展原则，充分体现绿色低碳发展理念，集成低能耗围护结构、自然通风、天然采光、绿化配置、太阳能利用、雨水利用、智能化控制管理、建筑材料节约与优化利用等技术，实现节地、节能、节材、节水和环境保护的绿色建筑目标。采用的低碳节能技术如图 6.2 所示。

```
┌─────────────────────────┐  ┌─────────────────────────┐
│        被动式节能技术         │  │        主动式节能技术         │
│                         │  │                         │
│ 1. 高效围护结构保温技术        │  │ 1. 高效空调技术            │
│ 2. 自然通风技术            │  │ 2. 全新风运行和可调新风比技术    │
│ 3. 自然采光技术            │  │ 3. 太阳能热水技术           │
│ 4. 智能外遮阳技术           │  │ 4. 太阳能光伏发电技术         │
│                         │  │ 5. 智能化照明技术           │
└─────────────────────────┘  └─────────────────────────┘
```

图 6.2  低碳节能技术

## 6.2.1  被动式节能技术

1）高效围护结构保温技术

基于广州市气候特点及相关节能规范的要求，本项目的节能设计主要是通过采用 XPS 保温屋面、种植屋面及低辐射夹胶玻璃、反射隔热涂料等措施，有效减少夏季空调的耗电量。本项目围护结构设计满足并优于《〈公共建筑节能设计标准〉广东省实施细则》DBJ 15—51—2007 对夏热冬暖地区公共建筑外围护结构的性能化指标要求。

（1）外墙

建筑外墙采用加气混凝土砌块，如图 6.3 所示。加气混凝土砌块是一种轻质多孔、保温隔热、防火性能良好、具有一定抗震能力的新型建筑材料。加气混凝土的导热系数一般为 0.22 ~ 0.23W/（m·K），仅为粒土砖和灰砂砖的 1/5 ~ 1/4，为普通混凝土的 1/6 左右。这样就大大减薄了墙体的厚度，相应扩大了建筑物的有效使用面积，节约了建筑材料厚度，提高了施工效率，降低了工程造价，减轻了建筑物自重。

图 6.3  建筑用加气混凝土砌块实物图

建筑外墙采用加气混凝土加双侧 20mm 抹灰，传热系数为 1.08W/（m²·K）、热惰性指标 D 为 3.753。

（2）屋面

建筑屋面采用 XPS 保温屋面和种植屋面，保温屋面采用 30mm 厚挤塑聚苯乙烯泡沫板，其传热系数为 0.83W/（m²·K），热惰性指标为 3.126；上人屋面面层采用轻质种植混合种植土和陶粒蓄水层，其传热系数为 0.82W/（m²·K），热惰性指标为 7.359。屋面实景如图 6.4 所示。

图 6.4 屋面实拍图

（3）外窗

建筑外墙窗户的位置有利于非制冷季节的自然通风和冬季的日照。建筑南北两侧主要为玻璃幕墙，玻璃类型为夹胶玻璃，有良好的密闭性和隔热性。外窗内部设置了内遮阳，如图 6.5 所示。

建筑外窗的气密性不低于国家标准《建筑外门窗气密、水密、抗风压性能分级及检测方法》GB 7107—2002 规定的 6 级要求。外窗及玻璃幕墙可开启面积

图 6.5　外窗及内遮阳实拍图

符合《〈公共建筑节能设计标准〉广东省实施细则》DBJ 15—51—2007 的有关规定。

2）自然通风技术

建筑标准层东、西方向的窗户根据风向设置开启方向，实现自然风东西方向对流，如图 6.6 所示。

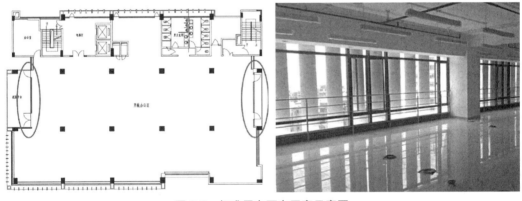

图 6.6　标准层东西向开窗示意图

由图 6.7 ~ 图 6.9 的模拟结果可知：（1）办公室的平均风速在 0.4 ~ 0.6m/s，办公人员可以接受；（2）气流从办公室东侧的门窗流入房间，穿堂径直从西侧流出（风速约为 0.5m/s），而办公室内其他区域的风速较小，在 0.2m/s 以内；（3）开敞办公区域自然通风效果良好。

3）天然采光技术

建筑采用高透玻璃，部分玻璃可见光透射比高于 50%，自然光可以为用户提供一定量的室内照明。利用天然采光，不仅可以节约能源，并且在视觉上更

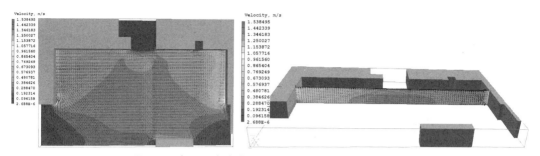

图 6.7 主导风向为北风时，室内 1.5m 处风速分布图

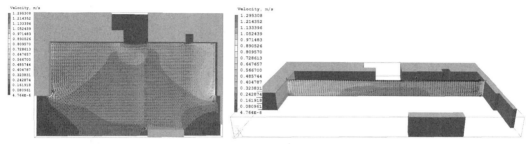

图 6.8 主导风向为东风时，室内 1.5m 处风速分布图

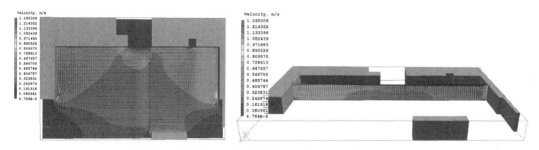

图 6.9 主导风向为东南风时，室内 1.5m 处风速分布图

为习惯和舒适，在心理上能和自然接近、协调，可看到室外景色，更能满足室内人员精神上的要求。

本项目在设计时，利用 ECOTECT2011 软件对建筑的室内天然采光情况进行了模拟分析，建筑模型如图 6.10 所示，分析结果如图 6.11 所示。

模拟结果显示，由于开窗面积大且层高较高，建筑室内采光分布较均匀，办公部分有 95% 以上的面积满足采光标准，走廊、楼梯间及卫生间有 80% 以上面积满足

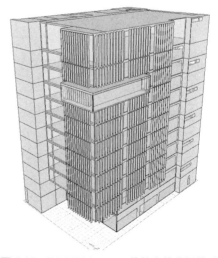

图 6.10 ECOTECT 2011 软件中的分析模型

图 6.11 各层采光系数模拟结果

采光标准，会议大厅有 99% 以上的面积满足采光标准要求。

地下车库设置了 2 个采光通风井和 5 个导光管，如图 6.12 所示，最少可提供 10h 以上的自然光照明，减少白天的电力照明，节约能源。

导光管的具体构造如图 6.13 所示，设备照明光源为自然光线，采光柔和、均匀，光量可以进行实时调节，并通过采光罩表面的防紫外线涂层，滤除有害辐射。导光管可以使地下车库保持与日光相协调的亮度，避免车主因为地上与地下的光线差太强造成双眼眩光，有效缓解眼疲劳，同时增强行车的安全性。光导照明系统无需配电设备和传导线路，避免因线路老化引起的火灾隐患。另外光导照明系统外观时尚、大方，多种外型的选择，在提供照明的同时还可以成为地面景观，如图 6.14 所示。

4）智能外遮阳技术

建筑西向采用可感应太阳光方向自动旋转的智能百叶，应用面积约为 $280m^2$，南向采用可调节遮阳板，提供若干档位进行手动调节，应用面积约为 $850m^2$。具体位置见图 6.15。可调节外遮阳能根据室外气象状况和室内人员需求进行灵活调节，可有效遮挡太阳光引起的眩光，对提高室内居住舒适性有显

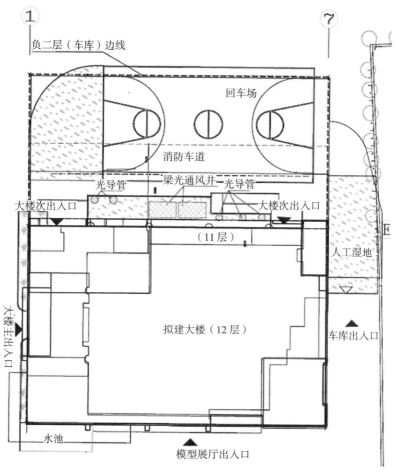

图 6.12　采光井和导光管位置示意图

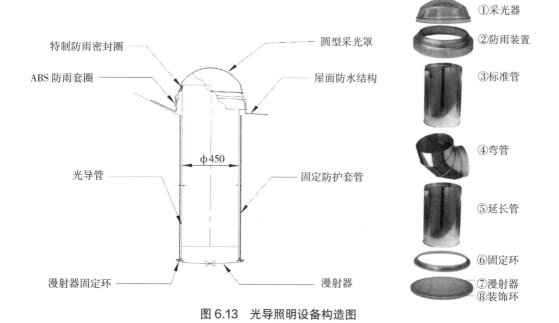

图 6.13　光导照明设备构造图

图 6.14    采光天井、导光管实拍图

图 6.15    智能遮阳技术应用位置

图 6.16 智能外遮阳板实拍图

著的效果，避免过强的日光对办公人员造成视觉和精神上的影响，实拍图如图 6.16 所示，既可采光、隔热、节能，又营造了"活动的立面"。

### 6.2.2 主动式节能技术

1）高效空调技术

考虑到本项目每层面积较小，各层使用习惯存在差异，一至十一层采用一次冷媒可变容量多联空调系统，可根据各层的使用情况进行调整，新风系统采用全热回收新风空调机组，提高新风温湿度处理质量，保证梅雨季节除湿效果，同时实现热回收和节能目标。为合理利用热回收技术，采用高效板管蒸发式冷凝全热回收新风空调机组，新风机和排风机配变频调速器，通过新排风的热交换，将排风中所蕴含的冷量转移到新风之中，实现能量的回收。

十二层大会议厅采用全空气系统以满足大会议厅集中使用的要求，空调季节采用蒸发式冷凝热回收空调机组回收排风热量，过渡季节可实现全新风运行。

2）全新风运行和可调新风比技术

本项目的全空气系统采用了全新风运行和可调新风比技术，在室外空气温度允许的条件下可全新风运行提供免费冷却，改善空调区内空气的品质及节省空气处理所需消耗的能量。

新风负荷约占建筑物总负荷的 30% ~ 40%。变新风量所需的供冷量比固定的最小新风量所需的供冷量少 20% 左右。新风量如果能够从最小新风量到全新风变化，在春秋季可节约近 60% 的能耗。

### 3）太阳能热水技术

本项目采用太阳能热水系统为建筑的二至十二层女卫生间的洗手盆及七层卫生间洗手池和淋浴器全天候供应热水。太阳能集热系统为封闭式、间接换热，如图 6.17 ～图 6.19 所示。系统采用高位式不锈钢保温水箱，水箱有效容积 7m³，集热器面积约 84m²。热水的出口平均水温为 55℃。

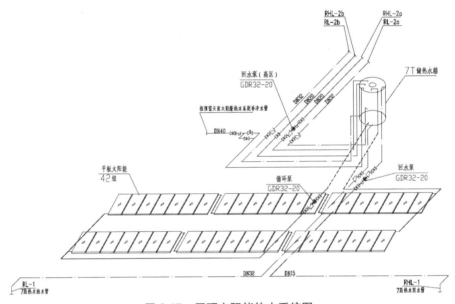

图 6.17　屋顶太阳能热水系统图

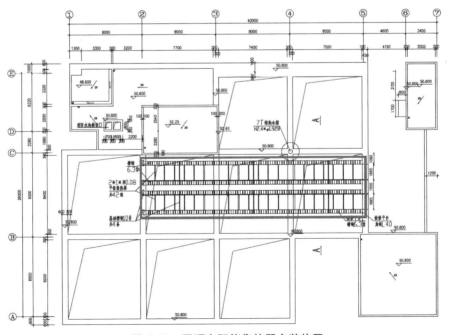

图 6.18　屋顶太阳能集热器安装位置

图 6.19 屋顶太阳能集热器实拍图

4）太阳能光伏发电技术

地下车库等公共照明区域要求 24h 不间断照明，是建筑物使用中的耗电大户。因此，在地下车库照明区域实施新能源应用与节能技术，节能和降低成本效果将极为明显。

项目地下车库的公共区域采用屋顶太阳能高效非逆变技术（PV-LED）进行照明，供电如图 6.20 ~ 图 6.23 所示，地下车库公共光伏照明区域总面积约 3100m²，共设计安装 3 套车库系统，屋顶太阳能光伏安装总功率为 2880Wp。

除此之外，采用 LED 照明灯具，太阳能光伏与 LED 灯同属于半导体技术的应用，是非常低碳的照明方式，更是现代建筑照明的发展方向。太阳能直流电力直接使用 LED 灯感应控制和 LED 常亮灯的新型光源，大大提高了公共照明的档次，而且节能无需以牺牲照度为代价。同时，光伏供电的双备急功能又

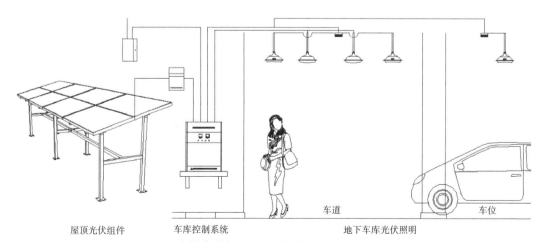

屋顶光伏组件　　　车库控制系统　　　　　　　　　地下车库光伏照明

图 6.20 高效非逆变屋顶太阳能光伏智控照明系统原理图

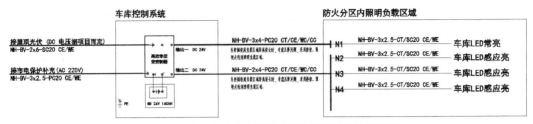

图 6.21　地下车库太阳能光伏智控照明系统线路图

图 6.22　屋顶光伏板实拍图

图 6.23　PV-LED 太阳能地下车库照明实景图

是解决消防应急和安保供电不间断的最好方案。

本项目所有变配电系统均采用节能、高效型设备，实现变配电系统的经济运行；同时，合理选择电缆截面，降低电缆损耗；在低压配电系统设功率因数自动补偿装置，补偿后功率因数大于 0.9，减少无功损耗。所有照明灯具、光源、电气附件等均选用高效、节能型设备，提高照明效率。

在光源的选择上，一般场所为高效、节能、寿命长的 T5/T8 直管荧光灯或节能型光源，显色指数 $Ra \geqslant 80$。有装修要求的场所视装修要求而定，但其照度及照明质量应符合相关要求。用于应急照明的光源采用能快速点燃的光源。

本项目的照明功率密度严格按照《建筑照明设计标准》GB 50034—2004 所规定的目标值进行照明设计。主要房间的照明功率密度及照度值如表 6.1 所示。

地下室、首层、顶层、电梯前室和楼梯间照明采用智能照明控制系统，其他区域的照明采取手动开关。智能照明控制系统感应到灯管的功率已完全发挥后，即自动调整负载电压，灯管便可转入节电模式工作，智能照明节电控制系统同时进入自动在线检测状态。电源电压每降低 10%，荧光灯照度只降低 7% 左右，合理减少灯具输入功率所产生的照度微弱变化人眼几乎感觉不到。可见，智能照明控制系统在延长灯具寿命和减少维护成本上都具有积极意义。

各房间或场所的照明功率密度值 表 6.1

| 房间类型 | 照明功率密度值 /（W/m²） | 照度值 /lx |
|---|---|---|
| 普通办公室 | 9 | 300 |
| 高档办公室、设计室 | 15 | 500 |
| 会议室 | 9 | 300 |
| 文件整理、复印室 | 9 | 300 |
| 档案室 | 7 | 200 |
| 电房、发电机房 | 7 | 200 |
| 变压器房、空调机房、泵房等 | 4 | 100 |

# 6.3 运行效果分析

## 6.3.1 室内环境分析

本项目在 2020 年对案例典型功能区域进行了为期一年的室内温湿度、$CO_2$、$PM_{2.5}$ 等关键参数的监测。

1）室内温湿度

建筑 2020 年供冷季典型房间温度在 91.6% 时间内能够达到《民用建筑供暖通风与空气调节设计规范》GB 50736—2012 对夏季人工环境下室内温度参数要求的 24 ~ 28℃的范围，其中，分别有 89.4% 和 2.2% 的时间达到Ⅰ级和Ⅱ级舒适度要求，如图 6.24 所示。其余未达标的大部分时间是由于室温过高，主要因为本项目地处广州市，夏季室外空气多高温高湿，导致人员可接受的室内热环境较标准要求的温度略高。

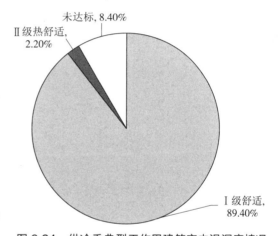

图 6.24 供冷季典型工作周建筑室内温湿度情况

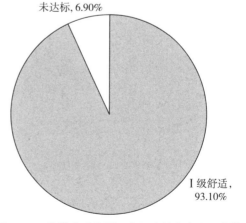

图 6.25 非供冷季典型工作周建筑室内温湿度情况

建筑 2020 年非供冷季典型房间的温度在 93.1% 时间内能够达到《民用建筑供暖通风与空气调节设计规范》GB 50736—2012 对于冬季人工环境下室内温湿度舒适度要求的 18 ~ 24℃范围内，且达标时间全部达到Ⅰ级舒适度要求，如图 6.25 所示。其余未达标的大部分时间是室温过高导致，主要是由于该典型房间为办公区域，人员密度较大导致室温升高。

2）室内 $CO_2$、$PM_{2.5}$ 浓度

监测期间典型房间 $CO_2$ 浓度最大值为 976ppm，100% 时间可以达到《室内空气质量标准》GB/T 18883—2002 规定的 1000ppm 的限值要求，如图 6.26 所示。典型房间 $PM_{2.5}$ 浓度的最大值为 60μg/m³，如图 6.27 所示，97.5% 的时间达到《环境空气质量标准》GB 3095—2012 规定的 24h 均值低于 35μg/m³ 的 Ⅰ 级浓度限值要求，100% 时间达到 24h 均值低于 75μg/m³ 的 Ⅱ 级浓度限值要求。

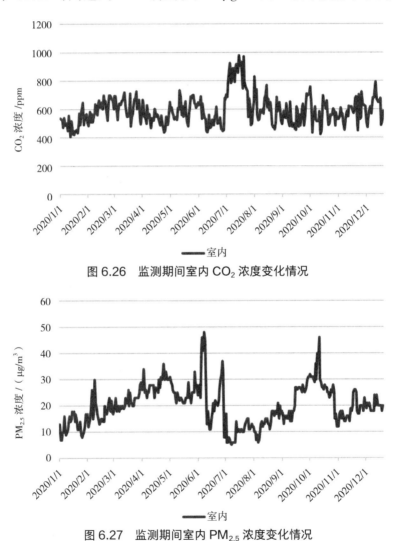

图 6.26 监测期间室内 $CO_2$ 浓度变化情况

图 6.27 监测期间室内 $PM_{2.5}$ 浓度变化情况

## 6.3.2 运行能耗分析

本项目 2020 年全年能耗为 1029774.69kWh，全年单位面积能耗指标为 59.3kWh/（m²·a），其中，空调系统耗电量占总能耗的 63%，能耗指标为

37.64kWh/（$m^2 \cdot a$）；插座耗电量占总能耗的 19%，能耗指标为 11.47kWh/（$m^2 \cdot a$）；照明耗电量占总能耗的 11%，能耗指标为 6.31kWh/（$m^2 \cdot a$）；动力系统耗电量占总能耗的 7%，能耗指标为 3.88kWh/（$m^2 \cdot a$）。全年逐月各分项能耗及所占比例分别如图 6.28 和图 6.29 所示。

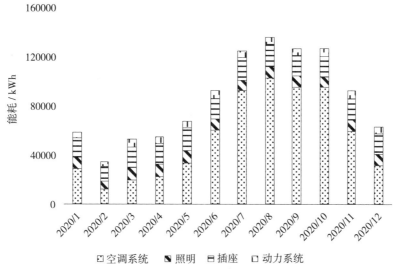

图 6.28  各用能系统和设备逐月用电量柱形图

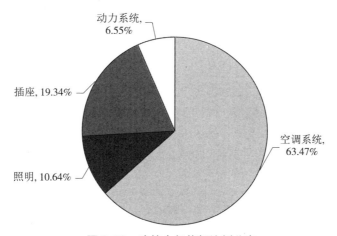

图 6.29  建筑全年能耗比例分布

《民用建筑能耗标准》GB/T 51161—2016 对夏热冬暖地区 B 类办公建筑能耗指标的约束值和引导值分别为 100kWh/（$m^2 \cdot a$）和 75kWh/（$m^2 \cdot a$）。本项目全年单位面积能耗指标为 59.3kWh/（$m^2 \cdot a$），低于引导值要求。

根据国家发改委发布的《2011 年和 2012 年中国区域电网平均 $CO_2$ 排放因子》，南方区域电网的平均 $CO_2$ 排放因子为 0.5271kg $CO_2$/kWh，本项目全年用电量为 1029774.69kWh，经换算，本项目全年运营产生 542.79t $CO_2$，单位面积碳排放为 31.30kg $CO_2$/$m^2$。

# 6.4 总结

广东省建科院检测实验大楼充分利用被动式技术和可再生能源，实现了建筑运营过程中节能降耗的目标。项目 2020 年 1 月至 12 月的全年能耗为 1029774.69kWh，单位面积能耗指标为 59.30kWh/（$m^2$·a），远低于《民用建筑能耗标准》GB/T 51161—2016 对夏热冬暖地区 B 类办公建筑能耗的引导值 75kWh/（$m^2$·a）限值的要求。项目空调系统能耗占比 63%，插座能耗占比 19%，照明能耗占比 11%，插座和照明能耗占比明显较少，主要得益于太阳能热水、太阳能光伏和智能化照明、光导管等技术的应用，对我国夏热冬暖地区办公建筑绿色低碳技术的选用具有重要价值。

# 7 青岛中德生态园体验中心

黄晓天
河南省建筑科学研究院有限公司

## 7.1 项目简介

青岛中德生态园被动房技术体验中心位于青岛市黄岛区中德生态园内，西邻生态园 36 号线，北邻生态园 7 号线。本项目建成于 2016 年，是高层二类公共建筑，耐火等级为一级，结构形式为钢筋混凝土框架结构；规划用地面积 4843m²，总建筑面积 13768m²，其中地上建筑面积 8187m²，地下建筑面积 5581m²，容积率 1.7，建筑密度 35%，绿地率 30%；建筑总高度为 26.85m，地上 5 层，地下 2 层；主要包括会议、展厅、办公等功能空间，建筑外形如图 7.1 所示。

图 7.1 青岛中德生态园体验中心外形图

## 7.2 低碳节能技术

本项目遵循可持续发展原则，采用了高效围护结构、防热桥设计、高气密性设计、自然通风、天然采光技术、高效空调技术、可再生能源利用等技术，力求实现绿色建筑目标，各低碳节能技术如图 7.2 所示。

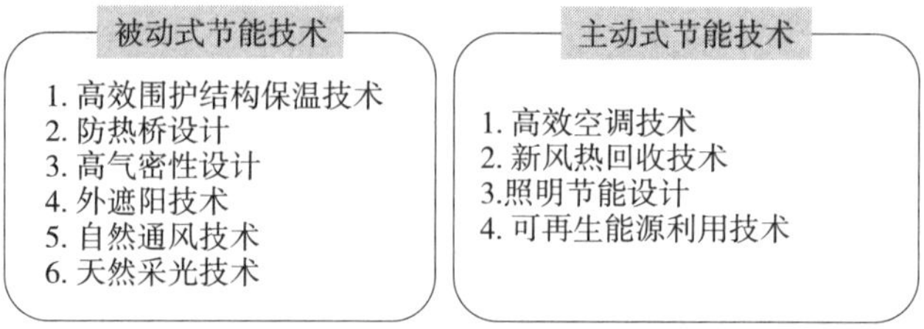

图 7.2 低碳节能技术

## 7.2.1 被动式节能技术

### 1）高效围护结构保温技术

青岛中德生态园体验中心的围护结构保温性能如表 7.1 所示。其中，屋面使用 430mm 厚的挤塑聚苯板，外墙使用 250mm 厚的岩棉板，非采暖空调房间与采暖空调房间的隔墙及楼板采用 250mm 厚的岩棉板，地面接触室外空气的架空和外挑楼板同样采用 250mm 厚的岩棉板进行保温，外窗使用的是三玻双Low-E 中空玻璃，铝包木窗框。围护结构各部分的传热系数均优于《近零能耗建筑技术标准》GB/T 51350—2019 中的要求。

案例围护结构性能指标                表 7.1

| 技术指标 | 设计值 | 测试值 |
|---|---|---|
| 屋面传热系数 / [ W/（m²·K）] | 0.12 | 0.55 |
| 外墙传热系数 / [ W/（m²·K）] | 0.17 | 0.6 |
| 外窗传热系数 / [ W/（m²·K）] | 0.8 | 3.0 |
| 外窗太阳得热系数 $SHGC$ | 0.6 | 0.7 |

### 2）防热桥设计

青岛中德生态园体验中心在设计过程中充分进行了防热桥设计，如图 7.3所示，在结合热桥特点的同时，严格遵守以下原则：一是避免原则，即尽量不中断保温围护结构；二是穿透原则，即若穿透不可避免，则保温层内材料热阻尽可能提高，并进行防热桥的衰减设计；三是节点原则，即建筑构件连接处的保温层无空缺地全面积搭接；四是几何原则，即边角尽可能设计为钝角。

本项目防热桥设计的具体措施主要体现在以下几个方面：（1）屋顶女儿墙的两侧全部使用保温层包裹，保证了保温围护结构系统的完整性；（2）地下室梁、柱由于需要穿过被动区，需全部包裹保温材料，且柱子保温材料向外延伸；（3）所有外挑露台楼板均与主体断开，结构板和悬梁露台之间填充岩棉板；（4）系统中的各种锚固件预先使用隔热套管或加垫层等手法。

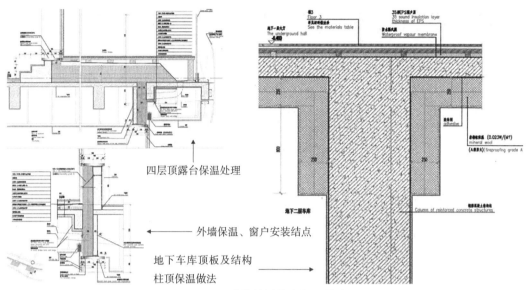

四层顶露台保温处理

外墙保温、窗户安装结点 ←

地下车库顶板及结构

柱顶保温做法 →

图7.3 建筑关键节点保温做法

3）高气密性设计

青岛中德生态园体验中心在设计之初就充分考虑了气密性的保障措施，如图7.4所示。一方面，在房间内侧连续抹灰以形成建筑的气密层；另一方面，使用连接构件来保证气密性。考虑到因热胀冷缩引起的错位、裂纹和不可避免的穿透构件，对所有可能发生气密性破坏的节点使用胶带里外双面密封，且墙体连接节点的抹灰一直延伸到混凝土楼板并上返到墙面。高效的气密性做法使得被动房技术中心的换气次数小于0.6次/h，达到了被动式建筑气密性指标要求。

图7.4 建筑气密性检测

4）外遮阳技术

青岛中德生态园体验中心采用德国外遮阳系统，如图7.5所示，产品具有高效遮阳、天然采光、节能环保、视野通透、防止眩光等特点。本项目遮阳面积达2000m² 左右，可以将太阳能得热系数从0.5降低到0.1。同时配置了楼宇控制系统，遮阳系统可根据阳光照射状态、温度、风力等条件自行开启和关闭叶片。

图7.5　建筑外遮阳

5）自然通风技术

青岛中德生态园体验中心所在建筑群总体规划合理利用自然通风，并且营造适宜的微气候。建筑坐北朝南，建筑外形呈鹅卵石状，特殊的建筑流线形成的空气压力差更有利于自然通风。建筑迎风面与夏季风向成最佳角度，如图7.6所示，便于形成穿堂风使进入室内的热量很快散发出去，从而有效降低夏季和过渡季的空调能耗。此外，室内平面布局充分考虑了对自然通风的有效利用，中庭绿化采用室内外一体化的设计手法，将绿化引入室内，如图7.7所示，自

图7.6　迎风面与风向形成最佳角

图7.7　中庭绿化

然通风和室内绿化设计可充分调节室
内的微气候，提升室内环境质量，降
低过渡季空调能耗。

6）天然采光技术

青岛中德生态园体验中心的中庭
屋面设置了采光天窗，如图7.8所示，
东南朝向墙面设置大面积开窗和幕墙，
如图7.9所示，玻璃为三玻双Low-E

图7.8　中庭采光天窗

玻璃，传热系数≤0.8W/（m²·K），可见光透射比、太阳能总透射比、红外热
能总透射比以及光热比均满足被动房的标准要求。建筑外立面是不规则的挑空，
正常情况下可保证室内全天射入阳光，即使不开灯室内也能拥有充足的采光，
如图7.10所示。此外，建筑内部还采用了导光管来收集室外的光照，光线通过
管道内的设备折射，最后被汇聚到一个点上，达到照明目的，用于地下二层的
停车场照明，如图7.11所示。

图7.9　东南朝向墙面设置大面积开窗和幕墙

图7.10　室内采光充足

图7.11　建筑导光管设置

### 7.2.2 主动式节能技术

1）高效空调技术

（1）地埋管地源热泵机组

本项目空调系统采用温湿度独立控制系统，冷热源采用两台高能效地源热泵机组，分别提供高低温冷冻水，最大限度提高机组效率，机组名义制冷工况下的 COP 为 5.0，名义制热工况下的 COP 为 4.0。机组采用双压缩机，内部设四通阀，可实现冬夏季模式切换。两台地源热泵机组均位于地下二层的热泵机房，分别为新风热回收机组和主动式冷梁提供冷热源。

1 号冷水机组为涡旋式机组，额定制冷量 133kW，额定制热量 135kW，可提供制冷季 7℃ /12℃的空调冷水和供暖季 45℃ /40℃的空调热水，主要服务于新风热回收机组和首层地板辐射供暖系统。机组采用部分热回收式，可以制备生活热水。2 号冷水机组为螺杆式机组，额定制冷量为 330kW，额定制热量265kW，可提供制冷季 16℃ /19℃的空调冷水和供暖季 45℃ /40℃的空调热水，主要服务于主动式冷梁系统。

（2）主动式冷梁和干式风机盘管

空调系统末端为主动式冷梁和干式风机盘管，分别如图 7.12 和图 7.13 所示。为了解决冷水机组出水温度和末端冷梁需求温度不匹配的问题，机房内设置蓄冷罐进行混水，可对供水温度进行调节，满足冷梁的温度需求。同时为达到过渡季节能的目的，机房内设置免费冷却换热器，直接利用地源侧循环水，通过板式换热器制备空调冷水。

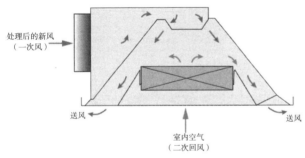

图 7.12 主动式冷梁工作原理

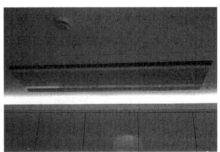

图 7.13 干式风机盘管末端

2）新风热回收技术

本项目进行了合理的气流组织设计，如图 7.14 所示。新风直接送入各房间内，排风不直接排出室外，而是先由房间排到中庭，再由中庭或公共空间集中收集后经新风热回收机组热回收后排出室外。该种方式使排风充分流经公共区

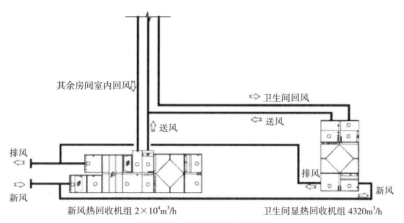

图 7.14 新风系统示意图

域，有效改善了公共区域的冷热环境品质。

本项目的新风系统共设置 3 台新风热回收机组，包括主楼和报告厅的两台全热回收机组以及卫生间排风单独设置的显热回收机组。根据人员新风量需求，主楼新风机组设计风量为 20000m³/h，报告厅新风机组新风量为 10000m³/h，两台机组均进行全热回收设计。机组采用转轮和板式两级热回收换热器，热回收效率可达 85%，且板式换热器可实现新风除湿后的再生功能，减少常规除湿后采用电加热或盘管加热等方式的再生能耗，可实现包括夏季除湿、冬季制热及过渡季全新风等不同工况模式的切换，如图 7.15 所示。

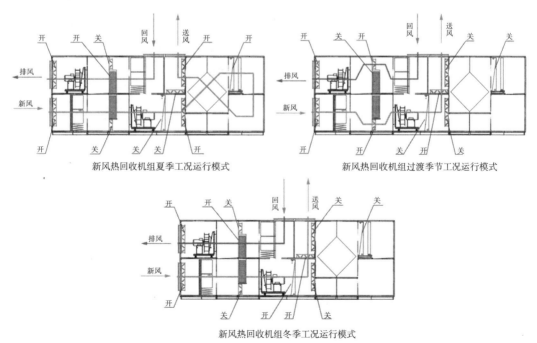

图 7.15 新风热回收机组不同季节的运行模式

为了充分回收室内的热量，卫生间排风单独设置了热回收机组。考虑到转轮全热回收会违反卫生防疫要求，因此选择送排风不直接接触的显热交换器，考虑到冬夏季室内外温差（冬季温差为 27.2℃，夏季为 3.4℃），新风经过风机会有 1℃ 的温升，因此在实际运行过程中，仅在冬季采用显热回收，夏季卫生间排风直接排到室外。

3）照明节能设计

本项目采用高效照明和节能设计。办公室、会议室、车库功率密度分别为 6W/㎡、7W/㎡、1W/㎡；采用智能化楼宇节能解决方案对照明灯具及其他设备进行管理控制，办公室、会议室、储藏室及各设备机房采用现场开关控制方式，车库、楼梯间及公共区间采用声、光、时序等控制方式，有效实现高效照明，达到节能和安全的目的。

本项目智能化楼宇控制界面如图 7.16 所示，该平台不仅能将暖通空调、房间自动化、照明和能源管理系统等多个子系统集成在平台之中，还能确保各系统之间可以良好交互，极大提升楼宇管理效率。

图 7.16　智能楼宇控制界面

4）可再生能源利用技术

本项目采用了太阳能光伏发电系统和热水系统，如图 7.17 和图 7.18 所示。光伏发电模式为自发自用，多余电量并入市政电网。屋面共布置 200 块多晶硅电池组件，光伏总装机容量约为 52kWp，年均发电量为 48623kWh，占体验中心全年总用电量的 10% ~ 15%。热水系统采用太阳能集热器＋地源热泵冷凝余热回收＋电辅热互补性系统，提供 4 层公寓 2.3t 的生活热水日最大需求量。

图 7.17 屋顶太阳能电池板

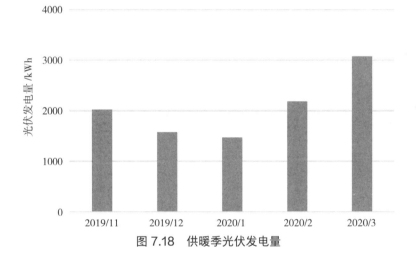

图 7.18 供暖季光伏发电量

# 7.3 运行效果分析

## 7.3.1 室内环境分析

1）室内温湿度

本项目建立了建筑典型功能区域的室内环境实时监测和运营管理系统，室内环境全年监测时间为 2019 年 4 月 7 日～9 月 30 日及 2019 年 11 月 16 日～2020 年 3 月 21 日。全年室内温度平均值为 22.9℃，最大值、最小值分别为 26.0℃、18.7℃；室内相对湿度平均值为 43.4%，最大值、最小值分别为 66.0%、17.7%，如图 7.19 所示。

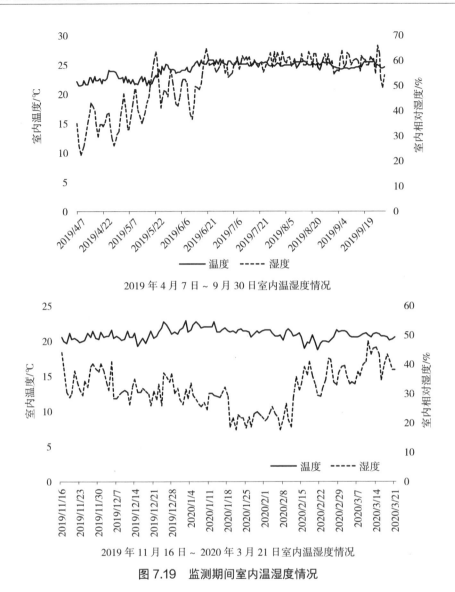

2019 年 4 月 7 日～9 月 30 日室内温湿度情况

2019 年 11 月 16 日～2020 年 3 月 21 日室内温湿度情况

图 7.19　监测期间室内温湿度情况

根据空调系统实际运行和机组开启情况,界定供冷季为 2019 年 6 月 1 日～9 月 30 日,供暖季为 2019 年 11 月 16 日～2020 年 3 月 21 日,其余时间为过渡季。

（1）供冷季

提取监测平台供冷季的室内参数进行分析,如图 7.20 所示。供冷季典型功能区域的室内温度平均值为 25.3℃,最大值和最小值分别为 26.2℃、24.4℃;相对湿度平均值为 59.3%,最大值和最小值分别为 62.6% 和 49.2%。

供冷季监测期共 122d,其中 116d 达到《民用建筑供暖通风与空气调节设计规范》GB 50736—2012 标准中供冷工况的 Ⅰ 级室内舒适度要求（温度 24～26℃;相对湿度 40%～60%）,占比 95.08%。供冷季的室内温度均小于 26℃,不存在满足 Ⅱ 级（温度 26～28℃,湿度 ≤ 70%）室内舒适度要求的情

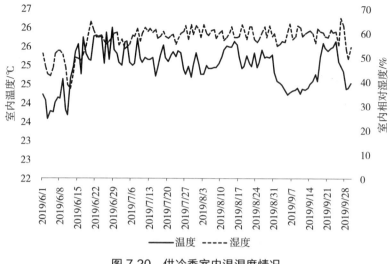

图 7.20 供冷季室内温湿度情况

况。其余时间未达标的原因主要是室内温度过低，其中，温度低于 24℃ 的天数为 6d，占比 4.92%。供冷季室内温湿度达标情况如图 7.21 所示。

由此可知，青岛中德生态园体验中心在 2019 年供冷季的大部分时间内，室内环境都处于舒适范围，且室温在 1.8 ℃ 左右波动，极大地提升了在室内温度方面的舒适度。另外，可以看出外遮阳措施对于

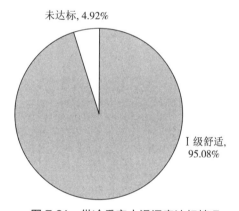

图 7.21 供冷季室内温湿度达标情况

降低室内冷负荷有明显效果，室内温度过冷的时间大多处在夏初和夏末，在外遮阳可以降低室内温度的情况下开启空调才导致室温过冷。

（2）供暖季

供暖季的室内参数变化如图 7.22 所示，典型功能区域室内温度平均值为 20.9℃，最大值为 22.9℃，最小值为 18.7℃；相对湿度平均值为 31.7%，最大值和最小值分别为 47.9% 和 17.7%。

供暖季监测期共 127d，全部能够达到《民用建筑供暖通风与空气调节设计规范》GB 50736—2012 标准中供暖工况的室内舒适度要求，具体比例如图 7.23 所示。供暖季的室内温度均大于 18℃，其中有 7d 能够达到Ⅰ级舒适度（温度 22 ～ 24℃，相对湿度 ≥ 30%）的室内温度舒适度要求，占比 5.6%，120d 满足Ⅱ级（温度 18 ～ 22℃）室内温度舒适度要求，占比 94.4%。可见，本项目冬季不存在过度供暖的情况，室内热舒适情况良好。

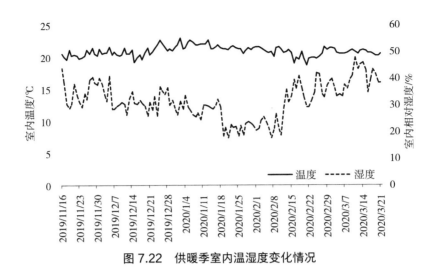

图 7.22 供暖季室内温湿度变化情况

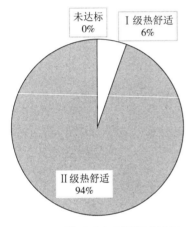

图 7.23 供暖季室内温湿度达标
情况

2）室内 $CO_2$、$PM_{2.5}$ 浓度

监测期间典型功能区域内 $CO_2$ 浓度平均值为 464.1ppm，浓度最大值和最小值分别为 566.9ppm 和 373ppm，全部满足《室内空气质量标准》GB/T 18883—2002 规定的 1000ppm 的限值要求，如图 7.24 所示。$PM_{2.5}$ 浓度的平均值为 $6.9\mu g/m^3$，浓度最大值和最小值分别为 $28.4\mu g/m^3$ 和 $1.5\mu g/m^3$，100% 的时间达到了《环境空气质量标准》GB 3095—2012 中 24h 均值低于 $35\mu g/m^3$ 的 Ⅰ 级浓度限值要求，如图 7.25 所示。

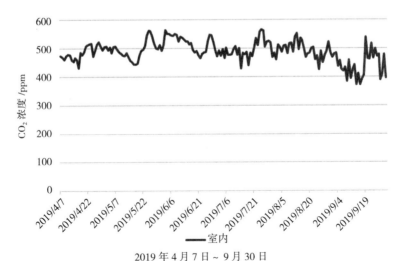

2019 年 4 月 7 日～9 月 30 日

图 7.24 监测期间室内 $CO_2$ 浓度变化情况（一）

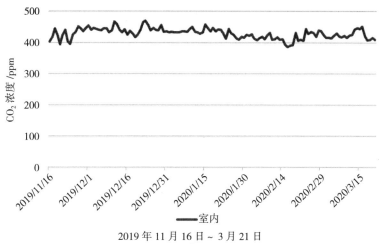

2019 年 11 月 16 日 ~ 3 月 21 日

图 7.24 监测期间室内 $CO_2$ 浓度变化情况（二）

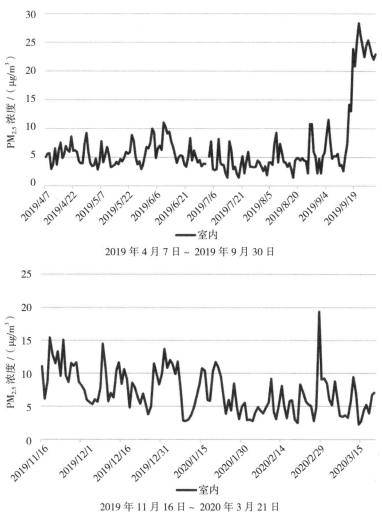

2019 年 4 月 7 日 ~ 2019 年 9 月 30 日

2019 年 11 月 16 日 ~ 2020 年 3 月 21 日

图 7.25 监测期间室内 $PM_{2.5}$ 浓度变化情况

结果表明，本项目的室内 $CO_2$ 浓度、$PM_{2.5}$ 浓度均控制得非常好，新风热回收机组可根据 $CO_2$ 浓度来调节进入室内的新风量，保证室内空气的新鲜度。可见，高效新风处理机组及高效围护结构气密性，极大降低了室内空气的污染，满足室内的新风保障，改善了室内空气质量，同时对 $PM_{2.5}$ 起到过滤效果，保证了室内人员的健康。

### 7.3.2　运行能耗分析

本项目 2019 年全年耗电量为 341138.11kWh，其中，地源热泵系统耗电量为 132346kWh，占总能耗的 38.8%；新风系统耗电量为 45345.37kWh，占总能耗的 13.29%；普通照明耗电量为 45724.55kWh，占总能耗的 13.40%；因本项目兼有被动式建筑技术推广功能，展示与演示耗电量为 46795.07kWh，占总能耗的 13.72%；动力系统如电梯、插座等耗电量为 37811.89kWh，占总能耗的 11.08%；消防系统耗电量为 19223.2kWh，占总能耗的 5.64%；应急照明耗电量为 13892.01kWh，占总能耗的 4.07%。各分项能耗及所占比例分别如图 7.26 和图 7.27 所示。

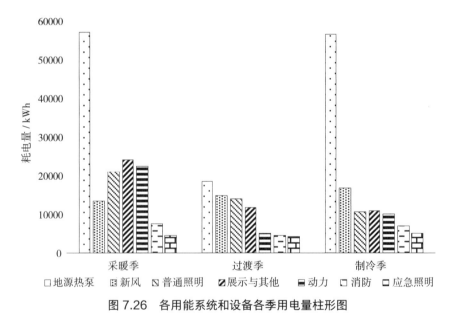

图 7.26　各用能系统和设备各季用电量柱形图

建筑全年可再生能源发电量（光伏发电）为 45724.55kWh，则不包含光伏发电的单位面积能耗为（341138.11–45724.55）÷13768=21.5kWh/（$m^2 \cdot a$），根据《民用建筑能耗标准》GB/T 51161—2016 中对寒冷地区 B 类商业办公楼能耗指标的要求：约束值 80kWh/（$m^2 \cdot a$），引导值 60kWh/（$m^2 \cdot a$），本项目全年单位面积能耗指标远远低于引导值要求。

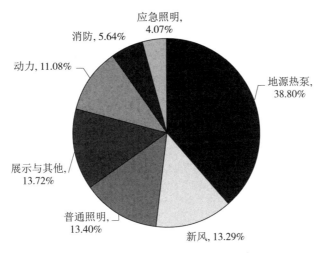

图 7.27　建筑全年能耗比例分布

根据国家发改委发布的《2011 年和 2012 年中国区域电网平均 $CO_2$ 排放因子》，华北区域电网的平均 $CO_2$ 排放因子为 0.8843kg $CO_2$/kWh，本项目全年用电量为 341138.11kWh，经换算，本项目全年运营产生 301.67t $CO_2$，单位面积碳排放为 21.91kg $CO_2$/$m^2$。

# 7.4　总结

青岛中德生态园体验中心项目 2019 年 1 月至 12 月全年能耗为 341138.11kWh，全年可再生能源发电量（光伏发电）为 45724.55 kWh，则单位面积能耗指标为 21.5kWh/（$m^2$·a），远低于《民用建筑能耗标准》GB/T 51161—2016 对寒冷地区 B 类商业办公建筑能耗的引导值 60kWh/（$m^2$·a）限值的要求。项目兼有被动式建筑技术推广展示功能，展示与演示耗电量占比较小（13.72%），主要得益于太阳能光伏发电系统的使用，光伏系统年均发电量可提供体验中心全年总用电量的 10% ~ 15%，正好可以负担展示与演示这一功能的能源消耗。因此，该案例为具有特殊用电功能的寒冷地区商业办公建筑绿色低碳技术的选用提供了参考。

# 8  安徽建科大厦

沈念俊
安徽省建筑科学研究设计院
彭军芝
垒知控股集团股份有限公司

## 8.1  项目简介

安徽建科大厦位于合肥市蜀山区山湖路，是安徽省建筑科学研究设计院办公大楼。本项目建设用地面积 13191.43m²，总建筑面积 27829.23m²，地上建筑面积 21925.77m²，地下建筑面积 5903.46m²。建筑总高度 88.35m，地上23 层，地下 2 层，建筑外形如图 8.1 所示。建筑 2018 年 6 月投入使用，一层为接待大厅，二层为展览中心，三层为档案室，四~二十二层为办公区、博士后工作站、集团国家级企业技术中心，二十三层为职工活动中心和学术报告厅，如图 8.2 所示。

本项目结合场地的环境特点和规划要求，合理有效地采用图 8.3所示低碳节能技术，将建筑打造成为高品质办公大厦。本项目于2014 年成功申报安徽省绿色建筑示范案例，2015 年获得三星级绿色建筑设计标识证书，并于 2020年成功获得二星级绿色建筑运行标识证书。

图 8.1  安徽建科大厦外形图

独立办公区     会议室

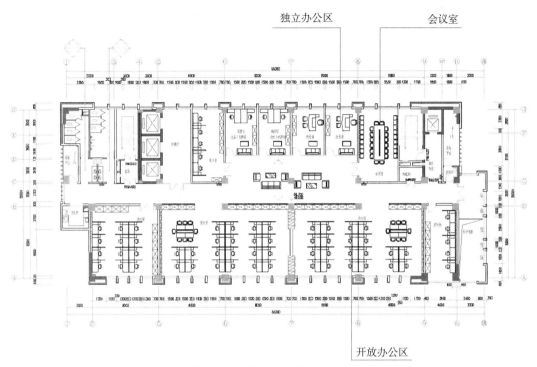

开放办公区

图 8.2 建筑主要功能区示意图

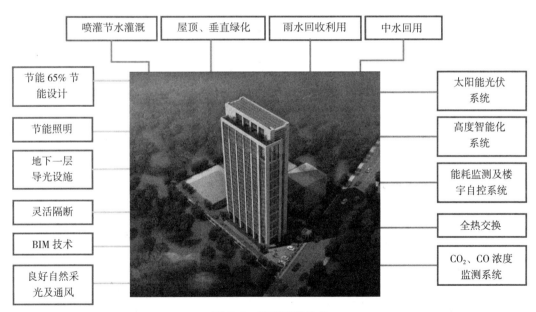

图 8.3 低碳节能技术

# 8.2　低碳节能技术

### 8.2.1　被动式节能技术

本项目根据建筑自身特点，因地制宜地采用多项被动式绿色节能技术，包括自然通风、天然采光、导光管技术、屋顶花园、围护结构保温隔热体系等技术，为建筑创造良好室内环境的同时降低建筑能耗。

1）高效围护结构保温技术

安徽建科大厦的屋面保温材料使用 130mm 厚的硅酸盐无机发泡板，屋面总传热系数为 0.49W/（$m^2 \cdot K$）；外墙使用 200mm 厚的粉煤灰加气砌块，总传热系数为 0.54W/（$m^2 \cdot K$）；外窗采用断热铝合金 Low-E 中空玻璃，传热系数 2.30W/（$m^2 \cdot K$），遮阳系数 0.39，气密性为 6 级，可见光透射比 0.40。

2）室内自然通风

本项目通过对建筑方位进行合理布局，使室外风场分布均匀，营造良好的室外风环境，模拟结果如图 8.4 所示。同时利用建筑表面风压差，设置中庭、

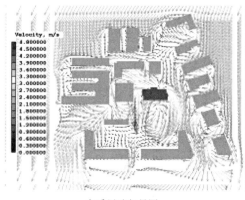
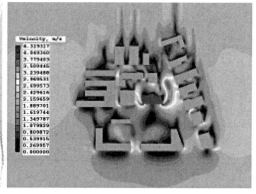

冬季风速矢量图　　　　　　　　　　　夏季风速云图

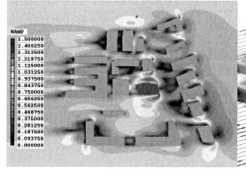

过渡季节风速放大系数分布　　　　　过渡季节室外风场动态图

图 8.4　风环境模拟结果

大开间等室内布局，创造良好的室内自然通风条件。建筑二十二层内部隔断最多，对室内自然通风不利，故设计了灵活隔断，并在走廊过道中每个玻璃门上设置百叶通风口，用于加强室内的自然和机械通风，如图 8.5 所示。对该层使用 CFD 模拟软件进行自然通风模拟，结果如图 8.6 所示，模拟发现，增加百叶隔断以后，室内平均风速提高了 0.01m/s，空气龄平均值减少了 14s，有效改善了室内的空气流通效果。

图 8.5　玻璃隔断上部百叶通风窗

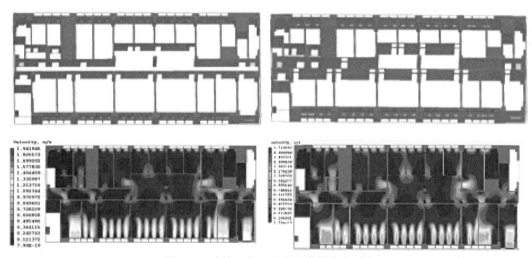

图 8.6　建筑二十二层通风模拟效果对比

3）室内天然采光

本项目为了改善室内走道中间区域的天然采光条件，将中间隔墙改为玻璃隔断，且采用透射比较高的玻璃，该方法有效改善了室内和中部走道区域的采光条件，做到既充分天然采光又保护隐私。模拟结果如图 8.7 所示。中部走廊在白天基本无需人工照明，如图 8.8 所示。

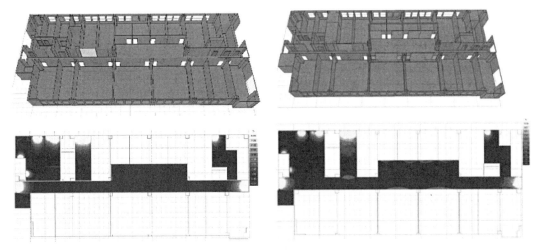

图 8.7　采光模拟效果对比

图 8.8　采光实景效果

为充分利用天然光源，本项目为地下车库采用了导光管技术，在建筑南侧开设一排导光管，引进自然光线以减少照明能耗，如图 8.9 所示。光导照明系统通过室外的采光装置捕获室外的日光，将自然光导入地下空间，有效改善地下空间白天的采光效果。

4）建筑立体绿化

本项目设计了屋顶绿化形成屋顶花园，如图 8.10 所示，办公楼内部设计空中花园，为办公人员开辟新的休息、活动场所，同时也加强了屋顶的隔热、隔声效果，起到了吸附飘尘和产生氧气的作用。

图 8.9　导光筒实景

图 8.10 屋顶花园实景

## 8.2.2 主动式节能技术

本项目采用的主动式节能技术将高效节能设备、热回收系统、节能照明、太阳能光伏发电系统、BIM 设计、地下室污染物监测、楼宇自动化智能化控制等绿色技术融为一体，重点增强办公人员办公舒适性，同时兼顾环保节能。

1）高效空调采暖系统

本项目设置多联机空调系统作为空调冷热源，各层走道吊装两台全热交换机组，机组的热交换效率不低于60%，如图 8.11 所示，机组将室外新风与室内排风进行热交换后送入室内，从而降低空调能耗。

图 8.11 全热交换器安装实景

因地下车库车辆行驶带来大量 CO，若长时间无法排出，集聚过量会对人体产生危害，故在地下车库设置 CO 浓度监控系统，如图 8.12 所示，当浓度达到设定值时系统发出报警信号，并联动通风系统进行机械通风，按需启停以进一步降低建筑运行能耗。

2）高效照明系统

本项目照明光源主要采用 T8 直管形三基色荧光灯、紧凑型节能荧光灯、

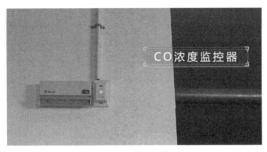
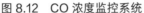

图 8.12　CO 浓度监控系统　　　　　图 8.13　公共走道 LED 灯具

节能点光源，其中公共部位及室外路灯采用 LED 高效节能灯，在保证室内照度水平的情况下降低照明用电，如图 8.13 所示。

3）太阳能光伏系统

本项目在建筑屋面安装太阳能光伏系统，光伏发电板与水平面的角度与合肥市的纬度角一致，如图 8.14 所示。根据屋面面积、装机容量及逆变器组串方式，共安装组件 240 块，总装机容量 60kW。太阳能光伏发电采用用户侧低压并网接入，在结合市政电网的基础上共同给办公楼内设备供电。2018 年 12 月至 2019 年 11 月光伏系统的年发电量约为 5.66 万 kWh。

图 8.14　屋顶光伏实景

4）楼宇智能监控系统

本项目设置了楼宇智能监控系统，如图 8.15 所示，通过对建筑机电设备的智能化监测、管理和控制，达到节能的目标。该系统的控制范围主要包括冷热源系统、空调通风系统、给排水系统、变配电系统、电梯系统、照明系统等，可实现建筑一体化智能管理。建筑的能耗监控是在大楼内配置自动计量抄表系统，系统远程精确计量各科室电表中数据，可实现电量自动计量、实时数据读取及汇总查询。

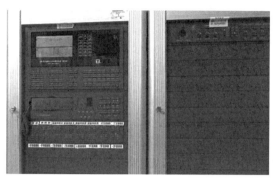

图 8.15 楼宇智能监控系统

# 8.3 运行效果分析

## 8.3.1 室内环境分析

本项目选取了十四层会议室和独立办公室作为监测对象，从 2019 年 8 月到 2020 年 8 月进行了为期一年的室内环境参数逐时监测。

1）室内温湿度

会议室和办公室的室内温湿度变化如图 8.16 与图 8.17 所示，可以发现，两个区域温度和湿度变化趋势都分别相近，且呈现出夏热冬冷的典型气候特征。根据图 8.18 的建筑用能数据，可以发现 6 ~ 9 月采用空调制冷，12 月 ~ 次年 3 月采用空调供暖。因此，将 6 ~ 9 月作为夏热冬暖地区的空调季，12 月 ~ 次年 3 月作为供暖季，其余时间段为过渡季。另外，1 月底至 2 月中旬为春节假期，建筑暂停空调供暖后，温度骤降，3 月开启空调，温度回升，证明夏热冬冷地区办公建筑室内热环境与空调的使用有较大联系。

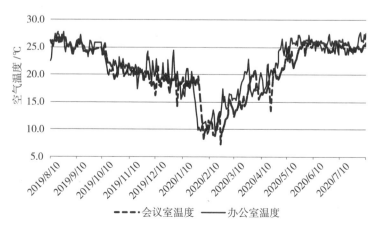

图 8.16 建筑室内空气温度变化情况

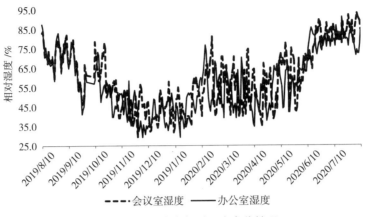

图 8.17　建筑室内相对湿度变化情况

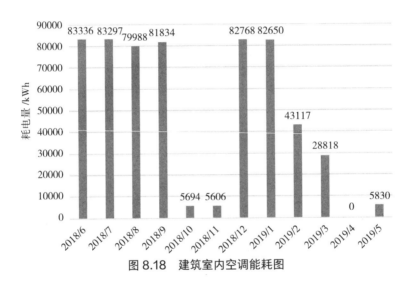

图 8.18　建筑室内空调能耗图

根据《民用建筑供暖通风与空气调节设计规范》GB 50736—2012 标准，室内有 98.3% 的时间达到室内温度舒适度要求，且全部为Ⅰ级舒适度。其他时间未达标是室温较低，人员为了消除室内较高的湿度过度开启空调所致（图 8.19）。由此可知，即使房间均在空调季开启空调，仍有超过 60% 的时间室内湿度较高，所以在夏热冬冷地区的办公建筑中，空调季仅采用空调制冷并不是调节室内舒适度的最佳方式，还应采取有效的除湿手段调节室内湿度。

由图 8.20 可知，供暖季室内温度在 98.1% 的时间内能够达到《民用建筑供暖通风与空气调节设计规范》GB 50736—2012 中的舒适要求，即 18 ~ 24℃的范围，其中，分别有 3.1% 和 95% 的时间可达到Ⅰ级和Ⅱ级舒适度要求。

对比全年室内舒适时间，可以发现都存在空调季高温、供暖季寒冷的现象。因此，在采用空调系统时，应加强对室内温度的有效控制，且需要考虑对室内湿度的控制。

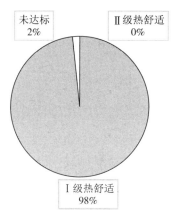

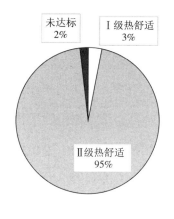

图 8.19 空调季室内温湿度情况 　　图 8.20 供暖季室内温湿度情况

2）室内 $CO_2$、$PM_{2.5}$ 浓度

图 8.21 展示了监测期间会议室和办公室的 $CO_2$ 浓度日均值变化情况，两个房间的 $CO_2$ 浓度均低于《室内空气质量标准》GB/T 18883—2002 规定的 1000ppm 限值要求。图 8.22 展示了两个房间的 $PM_{2.5}$ 浓度日均值变化情况，根据《环境空气质量标准》GB 3095—2012 的规定，24h 浓度均值 $35\mu g/m^3$ 为Ⅰ级浓度限值，24h 浓度均值 $75\mu g/m^3$ 为Ⅱ级浓度限值，会议室分别有 26.2% 和 54.3% 的时间达到Ⅰ级和Ⅱ级的要求，办公室分别有 49.7% 和 40.5% 的时间达到Ⅰ级和Ⅱ级的要求。

由以上分析可知，两个房间室内 $CO_2$ 浓度全年 100% 均满足标准要求，$PM_{2.5}$ 浓度存在超标的情况，会议室 $PM_{2.5}$ 浓度超标的时间主要在 11 月至 2 月，办公室 $PM_{2.5}$ 浓度超标的时间主要在 1 月，此阶段正值合肥的供暖季，建筑门窗开启次数极少，导致室内 $PM_{2.5}$ 浓度存在超标情况。所以，夏热冬冷地区办公建筑供暖季采用空调取暖的同时也要有新风的进入，优化空气质量。

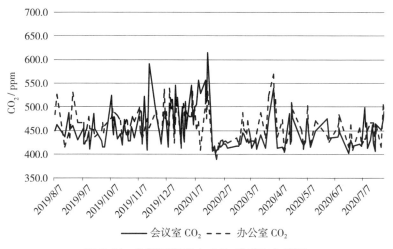

图 8.21 监测期间室内 $CO_2$ 浓度变化情况

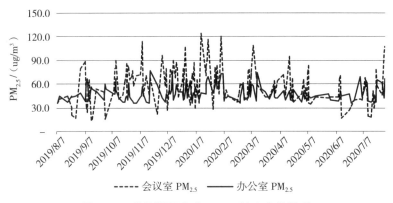

图 8.22　监测期间室内 PM$_{2.5}$ 浓度变化情况

### 8.3.2　运行能耗分析

通过对安徽建科大厦 2019 年 1 月到 2019 年 12 月的建筑能耗进行统计（图 8.23），全楼全年总用电量为 775673.95kWh。地上 23 层中有 5 层尚未使用，根据该建筑各楼层的使用情况，按使用率为 75% 来计算单位面积能耗。该案例总建筑面积 27829.23m$^2$，经计算，2019 年全年单位面积耗电量为 36.94kWh/m$^2$。《民用建筑能耗标准》GB/T 51161—2016 中对夏热冬冷地区 A 类商业办公楼能耗指标约束值为 85kWh/（m$^2$·a），引导值为 70kWh/（m$^2$·a），本案例能耗强度远小于引导值。

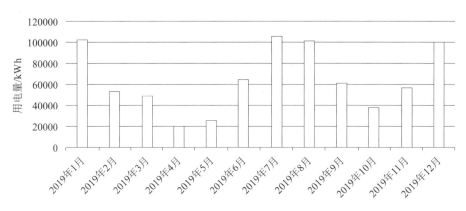

图 8.23　安徽建科大厦 2019 年 1 月到 2019 年 12 月逐月能耗

该案例能耗分项主要包括空调、照明插座，其中空调单位面积耗电量 26.64kWh/m$^2$，照明插座单位面积耗电量 10.29kWh/m$^2$，分别占比 72% 和 28%。图 8.24 为全年逐月分项能耗情况，照明插座能耗每个月的用能较为稳定，仅 2 月和 10 月受假期影响有所有降低，建筑各月总能耗主要受空调能耗的影响而变动，夏季能耗峰值出现在 7 月，冬季峰值出现在 1 月，空调能耗的变化情况符合合肥市的室外气象参数变化特点。

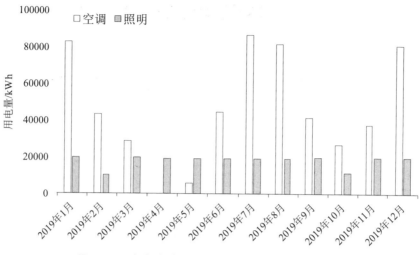

图 8.24　安徽建科大厦 2019 年用能分项逐月能耗

根据国家发改委发布的《2011 年和 2012 年中国区域电网平均 $CO_2$ 排放因子》，华东区域电网的平均 $CO_2$ 排放因子为 0.7035t $CO_2$/MWh，本案例全年能耗为 775673.95kWh，经换算案例全年运营产生的二氧化碳为 545.69t。

## 8.4　总结

安徽建科大厦项目 2019 年的全年能耗为 775673.95kWh，按使用率计算单位面积能耗指标为 36.94kWh/（$m^2 \cdot a$），远低于《民用建筑能耗标准》GB/T 51161—2016 对夏热冬冷地区 B 类办公建筑能耗的引导值 80kWh/（$m^2 \cdot a$）限值的要求。

从建筑用能情况来看，安徽建科大厦采取了自然通风、天然采光等措施，有效降低了空调能耗和照明能耗。虽然已考虑建筑使用率的情况，但建筑单位面积能耗仍然较低，这与该建筑体形系数、外墙可透光面积较小以及围护结构的保温隔热性能良好有关。此外，该建筑人员密度较低，且有大量独立办公室，可独立控制照明和空调系统，相比大开间开敞办公室而言，提高了能源使用率。

夏热冬冷地区的办公建筑夏季和冬季均有空调需求，且两季空调能耗相近，应同时注重建筑围护结构的隔热性能和保温性能。为提高冬夏两季的室内舒适度，应采取措施降低夏季室内湿度和提高冬季室内温度，比如对新风进行除湿处理，采用灵活隔断划分可独立控制的小区域等。

# 9  广州气象预警中心

张广铭

广东省建筑科学研究院集团股份有限公司

## 9.1  项目简介

广州气象预警中心位于番禺大石街，建筑外形如图 9.1 所示。用地面积 5.4 万 $m^2$，建筑面积 $9218m^2$，地上 4 层，地下 1 层，绿化率达到 67%，属于一类办公建筑。建筑 2013 年 8 月正式投入使用，并获得绿色建筑设计标识，涉及的综合业务用房包括专业技术用房、公共服务用房、设备用房、人防设施等。

图 9.1  案例外形图

# 9.2 低碳节能技术

本项目在创建过程中，召开了多次绿色建筑工作会议，对各项绿色建筑技术进行了分析和调研，最终确定了适合案例实际情况的技术。采用的低碳节能技术如图 9.2 所示。

| 被动式节能技术 | 主动式节能技术 |
| --- | --- |
| 1. 岭南建筑空间的现代化运用<br>2. 建筑围护结构保温技术<br>3. 自然通风技术<br>4. 天然采光技术<br>5. 综合外遮阳技术 | 1. 高效空调技术<br>2. 高效能水泵供水技术<br>3. 可再生能源利用技术 |

图 9.2　低碳节能技术

## 9.2.1　被动式节能技术

1）岭南建筑空间的现代化运用

（1）建筑物南北向布置，规划布局有效组织场地内的自然通风，利用坡地地形使建筑物西侧立面为山坡所遮蔽，避免西晒造成的热负荷问题，如图 9.3 所示。

图 9.3　西侧山坡实景图

图9.4　入口门厅敞厅设计实景图

（2）通过借鉴优秀的岭南建筑应对地域环境、气候，体现文化意境的处理手法，案例运用敞厅、天井、冷巷以及庭院的设计手法，营造出静逸、舒适且富于文化韵味的建筑环境，以低成本的建筑处理手法达到节能、生态、环保的设计目的。

通过片墙挖空的处理手法，将岭南传统空间手法运用到建筑中，形成一系列由建筑内部空间逐渐向外部环境渗透和过渡的院落空间，有效屏蔽外围不利因素，闹中取静，营造安静优美的内部办公环境。

入口门厅借鉴岭南传统建筑中敞厅的做法，结合观景鱼池，蔓延而下的草坡，将自然景观纳入建筑之内，如图9.4所示。

冷巷空间通过将冷却的空气置换到室内，并诱导通风，将室外环境与内部的敞厅联系起来。冷巷与庭院空间的相互穿插为庭院空间提供舒适的自然通风感受，同时达到了室内外环境的交融，营造出可供休憩交流的公共空间，如图9.5所示。

图9.5　冷巷与庭院空间的结合设计

中庭借鉴岭南传统建筑的天井手法，以达到拔风、天然采光的节能目的，如图 9.6 ~ 图 9.8 所示。

图 9.6　建筑中庭

图 9.7　开放式天井

图 9.8　开放式敞厅设计

本项目在公共区域不设置空调系统，采用以上被动式手法充分利用自然通风以有效减少空调的使用。根据图 9.9 ~ 图 9.12 的统计可知，建筑非空调公共空间面积为 2485.4m²，按照单位面积每年节省 60kWh 的指标计算，年节电量约为 14.9 万 kWh，节能贡献率大于 5%，具有可观的经济效益和环境效益。

2）高效围护结构保温技术

（1）外墙

建筑外墙采用 200mm 厚加气混凝土砌块，传热系数为 1.07W/（m²·K），

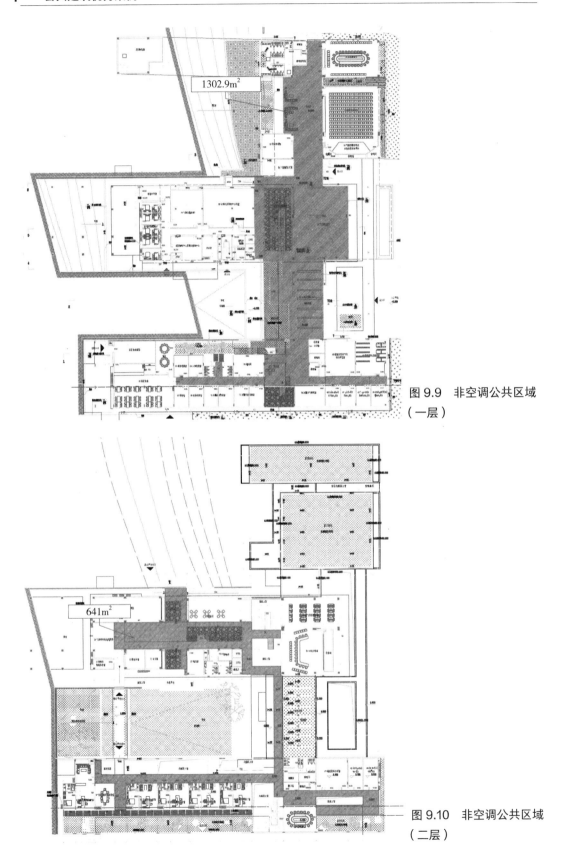

图 9.9 非空调公共区域
（一层）

图 9.10 非空调公共区域
（二层）

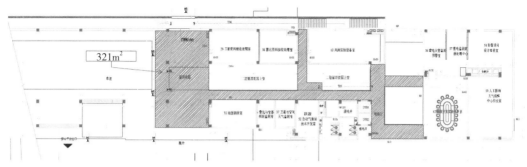

图 9.11　非空调公共区域（三层）

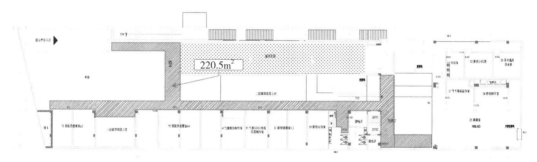

图 9.12　非空调公共区域（四层）

加气混凝土砌块具有重量轻、强度高、抗震好、耐高温等特性，隔热性能大大优于 24cm 砖墙体。在减小墙体厚度的同时，扩大了建筑物的有效使用面积，节约了建筑材料，提高了施工效率，降低了工程造价，减轻了建筑物自重。

（2）屋面

建筑采用大面积种植屋面，其他部位采用 30mm 厚的 XPS 保温屋面，有效隔热保温，如图 9.13 所示。

图 9.13　种植屋面实景图

屋面绿化作为隔热措施有着显著效果，可以节省大量空调用电量。同时，建筑绿化可以降低建筑物周围环境温度，约 0.5 ～ 4.0℃，而建筑物周围环境的温度每降低 1℃，建筑物内部空调的容量可降低 6%。配合地面景观植被设计，有效降低建筑室外温度和热岛效应，有助于形成良好的微气候环境，间接降低空调系统的能耗。

（3）外窗

立面外窗采用铝合金窗 Low-E 中空玻璃，传热系数为 3.50W/（m²·K），建筑立面的主要开窗方式为条形推拉窗，在获得良好采光通风效果的同时，避免了一般办公楼在立面上使用大面积幕墙所带来的眩光以及增大夏季室内负荷的负面效果，如图 9.14 所示。

图 9.14　建筑立面外窗

3）自然通风技术

天井、冷巷、敞厅的拔风、诱导通风作用使建筑在室外无风的状态下，室内形成良好的自然通风气流，满足了公共空间的舒适度，同时空调的使用率较同类办公建筑大大降低。

根据全年主导风向下不同高度风压图可知，建筑各朝向之间风压差在 1.5 ～ 4.5Pa 之间，在保证开敞公共空间通风效果的同时，在开窗的情况下室内也可以获得良好的自然通风条件，具体模拟情况如图 9.15 ～图 9.17 所示。建筑外窗可开启比例超过 30%，少量玻璃幕墙的可开启面积比例不低于 5%。

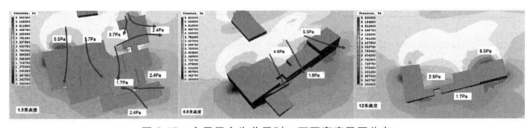

图 9.15　主导风向为北风时，不同高度风压分布

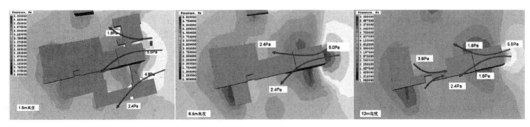

图 9.16　主导风向为东风时，不同高度风压分布

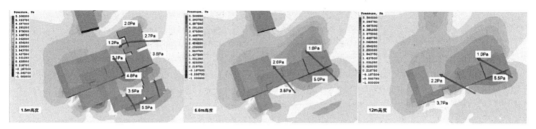

图 9.17　主导风向为东南风时，不同高度风压分布

4）天然采光技术

建筑合理利用天然采光，不仅可以节约能源，还可以使室内人员在视觉和心理上更为习惯和舒适，在与自然的接近和协调中满足精神需求。

案例整体依靠山体布局，办公室外有走廊，从而采用高透玻璃实现双侧天然采光，玻璃的可见光透射比高于 65%，有助于自然光透入室内，如图 9.18 所示；中庭借鉴天井的手法，达到天然采光的节能目的。

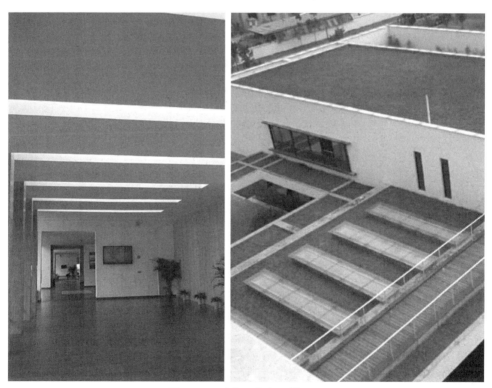

图 9.18　采光天窗实景效果图

利用采光模拟软件对室内光环境进行模拟，采光系数模拟结果如图 9.19 及表 9.1 所示。建筑 75% 以上的空间室内采光系数满足现行国家标准的要求。

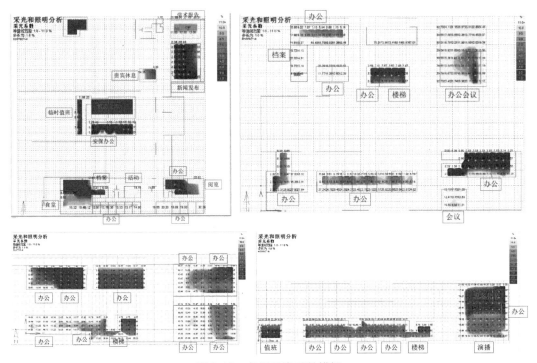

图 9.19　各层采光系数模拟

采光模拟结果分析　　　　　　　　　　　　表 9.1

| 层号 | 计容建筑面积 /m² | 主要功能房间面积（办公、会议、大厅、餐厅、档案馆、阅览室、展示厅等）/m² | 非功能房间面积（楼梯间、电梯间、卫生间、厨房、走廊、设备房间、工具间等）/m² | 主要功能房间采光系数大于 2% 的面积 /m² | 比例 /% |
|---|---|---|---|---|---|
| 一层 | 3149 | 1371 | 1778 | 1093.2 | 79.7 |
| 二层 | 1253.2 | 959.5 | 293.7 | 959.5 | 100.0 |
| 三层 | 671.3 | 547.5 | 123.8 | 502.1 | 91.7 |
| 四层 | 689.2 | 661.8 | 27.4 | 568.4 | 85.9 |
| 小计 | 5762.7 | 3539.8 | 2222.9 | 3123.2 | 88.2 |

利用下沉式庭院及天井，使地下室获得良好的采光通风及舒适性，如图 9.20 ~ 图 9.22 所示。

5）综合外遮阳技术

本项目采用建筑构件遮阳，利用水平挑板和外走廊实现水平遮阳，利用冷巷实现垂直遮阳，二者结合可有效减少外围护结构的太阳辐射得热，减少空调能耗，增加舒适性，分别如图 9.23 和图 9.24 所示。建筑整体外遮阳系数达到了 0.70。

在贵宾室的东西向设置可调节的水平遮阳百叶，通过调节百叶的角度改善室内光环境的舒适性，同时达到节能的目的。

图 9.20 地下车库采光通风井（地上部分）

图 9.21 地下车库采光通风井（地下部分）

图 9.22 地下采光井实拍图

图 9.23　外走廊水平遮阳

图 9.24　墙体垂直遮阳

## 9.2.2　主动式节能技术

1）高效空调技术

本项目的大部分办公室在供冷季和供暖季均采用分体式空调或多联机，如图 9.25 所示。学术报告厅、新闻发布中心、天气预报制作室、可视会商室设新风处理机组，平时采用正压渗透实现自然通风效果，新风口处设置可严密开关

图 9.25　高性能空调机组

的风阀,过渡季节可提高新风比例运行或可全新风运行。公共空间均不设空调系统,最大限度节约空调设备的投入及后期的运营成本,地下车库的自然通风亦节省了机械排烟等设备的投入。

2）高效能水泵供水技术

生活给水系统由市政管网加无负压增压稳流给水设备直接供水,具有高低

图 9.26　水泵变频技术实景图

压自动补水功能。供水系统配置变频水泵两台(一用一备),如图 9.26 所示,稳流补偿器一个。无负压高效能水泵供水技术主要包括以下措施:

（1）变频节能:水泵电机的耗电功率与转速近似成立方比的关系;

（2）功率因数补偿节能:使用变频调速装置后,变频器内部的滤波电容减少了无功损耗,增加了电网的有功功率;

（3）软启动节能:使水泵的启动电流从零开始,最大值也不超过额定电流,减轻了对电网的冲击和对供电容量的要求,延长了设备和阀门的使用寿命,进而节省了大楼设备的维护费用。

3）可再生能源利用技术

本项目的热水用水量为 5m³/d,其中食堂热水用量为 4m³/d。本项目采用太阳能热水系统,系统由太阳能集热器、贮热水箱、循环管路、支架等组成。在《建筑给水排水设计规范》GB 50015—2009 中,集热器的年平均集热效率推荐值为

45% ~ 50%，贮水箱和管路的热损失率推荐值为 15% ~ 30%。本项目使用高效平板太阳能集热器，太阳能集热器面积为 20m$^2$，可产生热水量占全天热水量的 20%，太阳能与热泵联合供水时，可产生的热水量占本项目全天热水量的 80%。

# 9.3 运行效果分析

### 9.3.1 室内环境分析

本项目对建筑典型功能区域在 2019 年 5 月至 2020 年 4 月进行了持续一年的室内温湿度、$CO_2$、$PM_{2.5}$ 等关键参数的监测。

1）室内温湿度

空调季典型房间的室内温度在 90.6% 时间内能够达到《民用建筑供暖通风与空气调节设计规范》GB 50736—2012 中对于夏季人工环境下室内温度设计参数（温度 24 ~ 28℃）的要求，其中 76.50% 时间内能够达到Ⅰ级舒适度（温度 24 ~ 26℃）的要求，14.10% 的时间能够达到Ⅱ级舒适度（温度 26 ~ 28℃）的要求，如图 9.27 所示。其余时间未达标的原因大部分是室内温度过高，主要因为建筑位于广州，夏季室外气候多高温，同时，较多的开敞空间导致室内环境受室外影响较大。

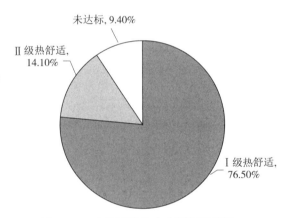

图 9.27 空调季建筑室内温湿度情况

非空调季典型房间的室内温度在 95.10% 时间内能够达到《民用建筑供暖通风与空气调节设计规范》GB 50736—2012 中对于冬季人工环境下室内温湿度设计参数（18 ~ 24℃）的要求，其中 95.10% 达到Ⅰ级舒适度（22 ~ 24℃）要求，如图 9.28 所示。其余时间未达标的原因大部分是室内温度较低，因为建筑有较多的开敞空间，导致室内环境受室外影响较大。

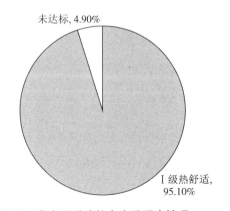

图 9.28 非空调季建筑室内温湿度情况

2）室内 $CO_2$、$PM_{2.5}$ 浓度

室内 $CO_2$ 浓度的最大值为 719ppm，如图 9.29 所示，100% 时间满足《室内空气质量标准》GB/T 18883—2002 规定的 1000ppm 的限值要求。室内 $PM_{2.5}$ 浓度最大值为 $67\mu g/m^3$，其中达到《环境空气质量标准》GB 3095—2012 规定的 24h 均值低于 $35\mu g/m^3$ 的 Ⅰ 级浓度限值要求的时间占比 97.5%，达到 $75\mu g/m^3$ 的 Ⅱ 级浓度限值要求的时间占比 100%，如图 9.30 所示。

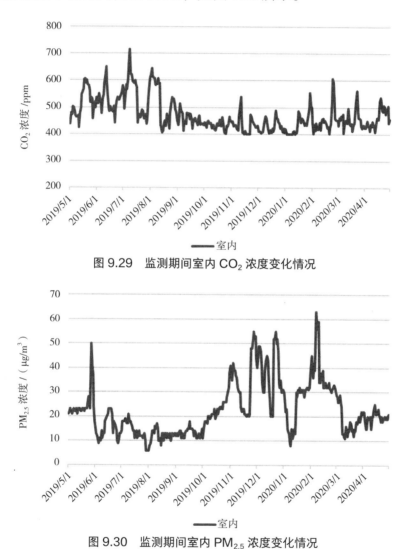

图 9.29　监测期间室内 $CO_2$ 浓度变化情况

图 9.30　监测期间室内 $PM_{2.5}$ 浓度变化情况

## 9.3.2　运行能耗分析

本项目 2019 年 5 月至 2020 年 4 月的全年能耗为 6765386kWh，其中，特殊数据机房全年总耗电量为 5851119.6kWh。各分项逐月用电量及所占比例分别如图 9.31 和图 9.32 所示。

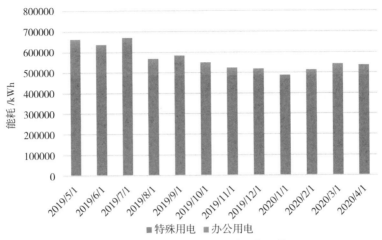

图 9.31 各用能系统和设备逐月用电量柱形图

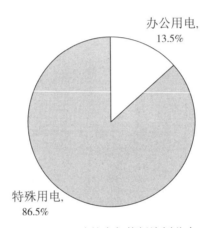

图 9.32 建筑全年能耗比例分布

案例是以办公为主的建筑，其内部包括了一定规模的特殊数据机房，扣除数据机房后的全年单位面积能耗指标为 93.44kWh/（m²·a），《民用建筑能耗标准》GB/T 51161—2016 中夏热冬暖地区 B 类商业办公建筑能耗指标的约束值和引导值分别为 100kWh/（m²·a）和 75kWh/（m²·a），满足约束值要求。

根据国家发改委发布的《2011 年和 2012 年中国区域电网平均 $CO_2$ 排放因子》，南方区域电网的平均 $CO_2$ 排放因子为 0.5271kg $CO_2$/kWh，本项目全年用电量为 6765386kWh，经换算，本项目全年运营产生 3566.03t $CO_2$。除特殊用电外，案例全年办公用电量为 914266.4kWh，换算为 481.91t $CO_2$，单位面积碳排放为 52.28kg $CO_2$/m²。

# 9.4 总结

广州气象预警中心项目 2019 年 5 月至 2020 年 4 月的全年能耗为 6765386kWh，特殊数据机房全年能耗为 5851119.6kWh，单位面积能耗指标为 93.44kWh/（m²·a），远低于《民用建筑能耗标准》GB/T 51161—2016 对夏热冬暖地区 B 类商业办公建筑能耗的约束值 100kWh/（m²·a）限值的要求。可见，对于夏热冬暖地区应以夏季隔热为主，应更多地采取被动式技术措施，如能够实现自然通风的冷巷、敞厅、天井、中庭等，同时，冷巷可实现垂直遮阳，有效减少外围护结构的太阳辐射得热，减少空调能耗；天井的设计也可以使地下室获得良好的采光通风及舒适性。

# 10 深交所大厦

邓东明

广东省建筑科学研究院集团股份有限公司

## 10.1 项目简介

本项目坐落在深圳市福田中心区，深南大道以北、民田路以东（原高交会馆所在地），紧邻市民中心广场、会展中心、地铁福田站及广深港综合交通枢纽。周边市政配套完善，交通极为便利。

大楼外观为立柱形，大厦底座被抬升至 36m 形成一个巨大的"漂浮平台"，平台东西向悬挑 36m、南北向悬挑 22m，面积达 15870m$^2$，是世界上最大的空中花园。平台的"腰部"由一条鲜亮的红色光带"缠绕"，整体造型犹如一个漂亮的烛台（图 10.1）。

图 10.1 建筑外观图

项目建设用地面积 3.92 万 m²，基底面积 1.4 万 m²，总建筑面积 26.7 万 m²，其中地上建筑面积 18.3 万 m²，地下建筑面积 8.4 万 m²，建筑结构为型钢混凝土框架与钢筋混凝土核心筒的混合结构。建筑地上 46 层、地下 3 层，总高度 245.8m，是一座集现代办公、交易运行、金融研究、庆典展示、会议培训、物业管理等功能于一体的多功能综合办公大楼。

2010 年 6 月 26 日，项目大楼正式封顶，2013 年 11 月正式投入运营。大楼的投入运营，标示着它将承载起深圳这座金融城市服务的新使命，并成为深圳地标。

## 10.2　低碳节能技术

本项目秉承"绿色办公建筑"的理念，设计中认真思考如何控制办公楼的运营成本，如何使大楼的能源消费最小，如何将办公楼的性能水平和生产力发挥到最高。项目在创建过程中采用了多种高效节能的被动式和主动式节能技术，具体采用的低碳节能技术如图 10.2 所示。

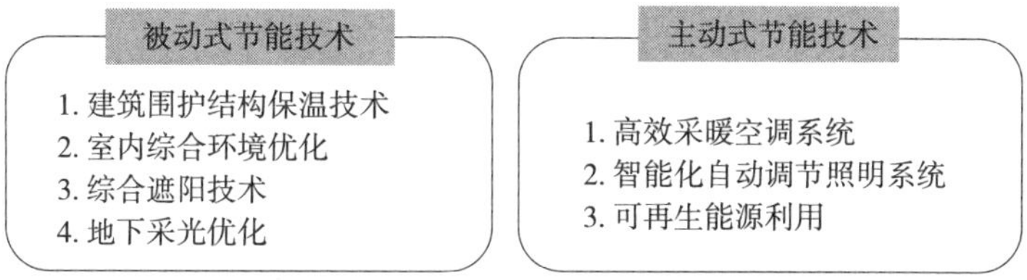

图 10.2　低碳节能技术

### 10.2.1　被动式节能技术

1）建筑围护结构保温技术

外围护结构的节能措施包含以下几个方面：

（1）建筑外墙和梁柱采用加气混凝土砌块、聚氨酯硬泡体保温系统、玻化微珠保温砂浆等保温措施,传热系数为 1.88W/（m²·K）；建筑屋顶采用 XPS 保温，有效隔绝热量，传热系数为 0.75W/（m²·K）；建筑东、西、南、北方向的窗墙比分别为 0.53、0.57、0.50、0.50。

（2）标准办公层外窗采用铝合金 Low-E 双层中空玻璃，传热系数为 3.0W/（m²·K），在保证透光率的同时具有较佳的传热系数和遮阳系数，具有良好的气密性能和水密性能。建筑幕墙的气密性不低于国家标准《建筑幕墙》GB/T 21086—2007 规定的 3 级要求。

（3）建筑设计考虑可开启部分促进自然通风。办公塔楼通过高窗和低窗通风换气，建筑幕墙具有可开启部分或设有通风换气装置，主要单元幕墙可开启面积比例为 26.23%。

（4）大楼外设梁柱构造的立面设计形成整体有效的外遮阳系统。现有设计的外露横梁和立柱，会比相同窗墙比条件下传统构造的太阳辐射得热减少 60%。抬升裙楼以下部位由抬升裙楼提供结构遮阳。

2）室内综合环境优化

利用软件对建筑室内采光情况进行分析，模拟结果如图 10.3 所示。可以看出，室内采光效果较好，主要得益于建筑的采光设计，包括外窗内遮阳系统与照明系统联动智能控制、提升裙楼内设两个采光天井、大楼东西两侧设两个中庭，如图 10.4 和图 10.5 所示，这些手段都可以使室内获得大量自然光，以节省照明用电及改善室内环境质量。

根据塔楼典型办公室的二维平面图，结合玻璃幕墙立面下悬窗的位置，对建筑室内的自然通风情况进行了模拟，结果如图 10.6 所示，可以看出该建筑的室内通风效果良好。主要得益于建筑的自然通风设计，包括幕墙设有 26.23% 的可开启部分或另设通风换气装置；办公塔楼通过高窗和低窗通风换气等。

图 10.3 室内自然采光分析图

图10.4 大厅及中庭自然采光实景图　　　　图10.5 室内自然采光实景图

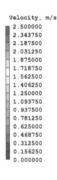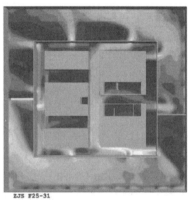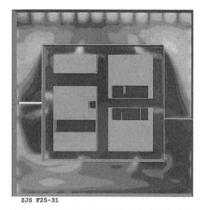

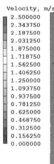

图10.6 室内自然通风分析图

3）综合遮阳技术

本项目采用多种遮阳形式，几乎涵盖了建筑中常见的遮阳形式，如图 10.7 所示。在外窗遮阳对项目建筑能耗影响的模拟中发现，当外窗综合遮阳系数降低时，该建筑的制冷能耗大幅度降低，从而降低空调负荷，节省空调的运行费用，

图 10.7 项目外遮阳措施示意图

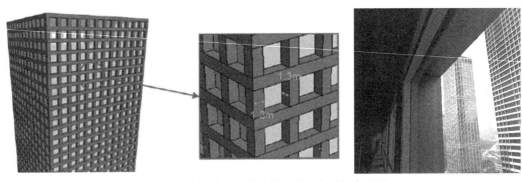

图 10.8 大楼外设梁柱构造遮阳示意图与实景图

同时提高室内人员的舒适性，避免过强的日光对办公人员造成视觉和精神上的影响。

本项目大楼外梁柱构造的立面设计形成整体有效的外遮阳系统，如图 10.8 所示，现有设计的外露横梁和立柱，比相同窗墙比条件下传统构造的太阳辐射得热减少 60%。

建筑外窗设计内遮阳帘，通过楼宇设备控制系统对公共区照明及室外照明进行控制，系统根据室外自然光的强度调节遮阳帘的开启面积。

4）地下采光技术

大楼使用地下光导照明自动控制系统，如图 10.9 ~ 图 10.11 所示，系统根据地下照度的变化自动控制该区域室内灯具的开启和关闭，使工作环境保持稳定的正常照明状态并达到节约能源的目的。

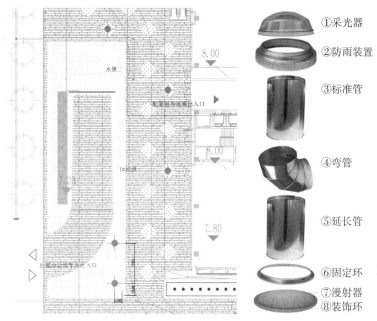

①采光器
②防雨装置
③标准管
④弯管
⑤延长管
⑥固定环
⑦漫射器
⑧装饰环

图10.9 光导管位置分布图

图10.10 地上光导管实景图

图10.11 地下采光井实景图

## 10.2.2 主动式节能技术

1）高效采暖空调技术

（1）空调系统

本项目主要采用变风量全空气空调系统，全楼设置2000台变风量末端装置。空调系统通过末端装置调节一次风送风量，跟踪负荷变化，维持室温。由于南方气候湿度大，空调季节长，所以潜热交换效率高，故选用可实现全热交换的转轮热回收装置，如图10.12所示。考虑到热回收效率，选用大风量回收机组，在十六层和三十二层设备层各设置4台转轮热回收装置，单台处理风量在18000～32400m³/h之间，对塔楼办公层的排风进行冷量回收，预冷新风。

建筑全空气系统采用了全新风运行和可调新风比技术，新风在设备层与排风进行热交换，再通过新风管送至各层空调机组。各层空调机组设置独立变频器，可根据空调冷负荷要求调节送风量。在室外温湿度合适的过渡季节，可以最大限度地利用天然冷源，实现全新风运行或可调新风比的运行策略。

冰蓄冷制冷系统对电网有移峰填谷的作用，深圳供电局为鼓励用户使用冰蓄冷系统，调整峰谷电价差值可达到 4 : 1。本项目选用的冰蓄冷系统采用串联 – 主机上游式 – 单泵系统，乙二醇循环泵采用变频泵，备用方

图 10.12　热回收机房实景图

式为 $N+1$，如图 10.13 所示。制冷主机在夜间的电价低谷时段（晚 11：00 ～早 7：00）运行制冷，并将冷量以冰的形式储存起来，次日需要时再通过融冰方式将冷量释放出来供末端使用，如图 10.14 所示。

图 10.13　项目蓄冰机房及蓄冰槽实景图

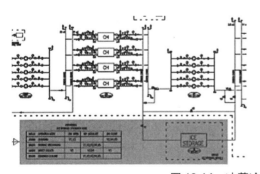

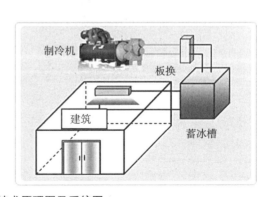

图 10.14　冰蓄冷技术原理图及系统图

（2）供暖系统

典藏中心、档案中心及高管办公室的供暖热源由风冷热泵热水机组提供，选用 4 台风冷涡旋式热泵热水机组，机组设在十六层和屋顶机电层内，单台制热量 217kW，供回水温度为 50℃/45℃，水流量 10.4L/s，采用带热水加热段的四管制空调机组送热风方式供暖。顶楼餐厅、影院和大堂的供暖管道为双管制，与冷冻水管道共用末端，形成两管制系统。

2）智能化自动调节照明技术

建筑采用楼宇智能化照明控制系统，对大开间、走廊、门厅、楼梯间、室外立面及环境等照明进行集中监控和管理，并根据环境特点，分别采取定时、分组、照度/人体感应等实时控制方式，最大限度地实现照明系统节能。景观照明和车库照明，可按时段做场景化调节。另外，合理减少灯具输入功率所产生的照度（微弱变化），人眼几乎感觉不到，因此智能照明控制系统在延长灯具寿命和减少维护成本上具有积极意义。

高管办公室、30 人以上会议室、上市大厅、中厅等处的智能照明控制系统主要为分散控制系统 FCS，以便在控制照明外，同时控制室内的电动窗帘等机电设备。其他区域的照明采取手动开关。

3）可再生能源利用技术

（1）太阳能热水系统

本项目在屋顶及抬升裙楼安装了太阳能集热器，四十五、四十六层的公共卫生间热水采用太阳能热水系统供应，备用热源采用空气源热泵机组。太阳能集热器设置于塔楼屋顶，如图 10.15 所示，系统形式如图 10.16 所示。

（2）太阳能光伏发电系统

本项目在屋顶设置太阳能光伏发电系

图 10.15　屋顶太阳能光伏板实景图

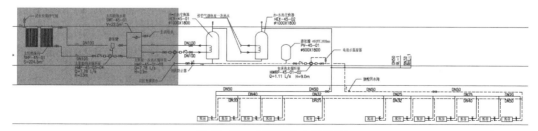

图 10.16　太阳能热水系统图

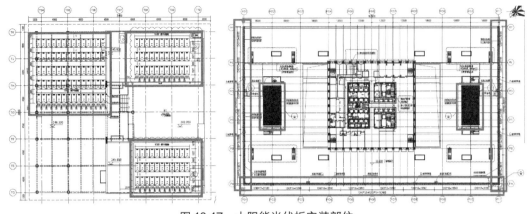

图 10.17　太阳能光伏板安装部位

统，安装在项目的屋顶标高 +246.30m 的钢结构和两边机房屋面，如图 10.17 所示，系统电能输出供给大厦本身使用。系统采用 180Wp 单晶硅双玻璃光伏组件共 154 块，系统额定功率 24.48kWp，年平均发电量约为 2.8 万 kWh。钢结构区域采取 14 串 ×5 并的接线方式接入一台 12kW 并网逆变器；两边机房 T07 ~ T10 轴屋面区域采取 13 串 ×5 并的接线方式接入一台 12kW 逆变器，如图 10.18 所示。

图 10.18　裙楼太阳能光伏板安装部位实景图

# 10.3　运行效果分析

## 10.3.1　室内环境分析

大厦典型功能区域 2019 年 6 月 ~ 2020 年 2 月室内温湿度、$CO_2$、$PM_{2.5}$ 等关键参数的数据分析如下。

1）室内温湿度

空调季典型房间温度在 100% 时间内能够达到《民用建筑供暖通风与空气调节设计规范》GB 50736—2012 中对夏季人工环境下室内温度设计参数（温度 24 ~ 28℃）的要求，其中，33.5% 和 66.5% 的时间分别达到 I 级和 II 级舒适度，如图 10.19 所示。

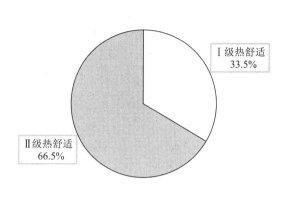

图 10.19　空调季建筑室内温湿度情况

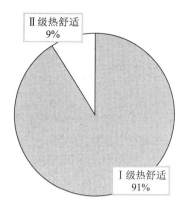

图 10.20　非空调季建筑室内温湿度情况

非空调季典型房间温度在 91% 时间内能够达到《民用建筑供暖通风与空气调节设计规范》GB 50736—2012 中对于冬季人工环境下室内温度设计参数（18 ～ 24℃）的要求。其余时间未达标的原因大部分是由于室内温度较低所致（图 10.20）。

2）室内 $CO_2$、$PM_{2.5}$ 浓度

根据连续监测数据记录分析，室内 $CO_2$ 浓度的最大值为 589ppm，100% 时间可以达到《室内空气质量标准》GB/T 18883—2002 规定的 1000ppm 的限值要求，如图 10.21 所示。室内 $PM_{2.5}$ 浓度最大值为 38μg/m³，其中达到《环境空气质量标准》GB 3095—2012 规定的 24h 均值低于 35μg/m³ 浓度限值要求的时间占比 99.9%，达到 75μg/m³ Ⅱ级浓度限值要求的时间占比 100%，如图 10.22 所示。

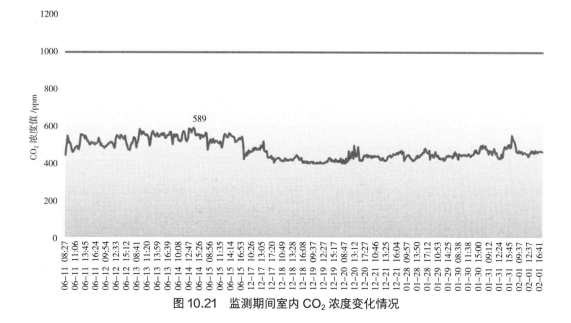

图 10.21　监测期间室内 $CO_2$ 浓度变化情况

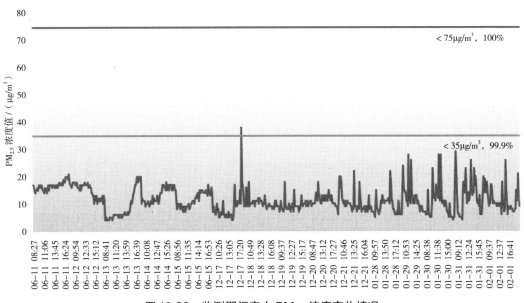

图 10.22　监测期间室内 PM$_{2.5}$ 浓度变化情况

### 10.3.2　运行能耗分析

本项目 2018 年 1 月至 12 月的全年能耗为 36115800.00kWh，全年单位能耗指标为 83.78kWh/（m²·a），其中，空调系统耗电量达到 59.07kWh/（m²·a），占总能耗的 65.9%；业主及出租单位系统用电为 19.79kWh/（m²·a），占总能耗的 22.1%；各分项能耗所占比例分别如表 10.1 和图 10.23 所示。各分项逐月能耗如图 10.24 所示。

2018 全年建筑各分项能耗情况　　　　　　　　　　　　　　　表 10.1

| 用电分项 | 能耗指标 /（kWh/m²） | 占比 /% |
|---|---|---|
| 空调系统 | 55.21 | 65.9 |
| 弱电井、机房 | 3.35 | 4.0 |
| 幕墙及景观照明 | 1.51 | 1.8 |
| 电梯 | 2.18 | 2.6 |
| 车场照明 | 3.02 | 3.6 |
| 业主及出租单位 | 18.43 | 22.1 |
| 合计 | 83.78 | 100 |

根据《民用建筑能耗标准》GB/T 51161—2016，夏热冬暖地区 B 类商业办公建筑能耗指标的约束值和引导值分别为 100kWh/（m²·a）和 75kWh/（m²·a）。

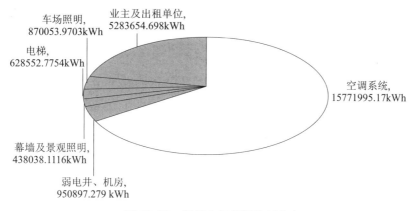

图 10.23　建筑全年能耗比例分布

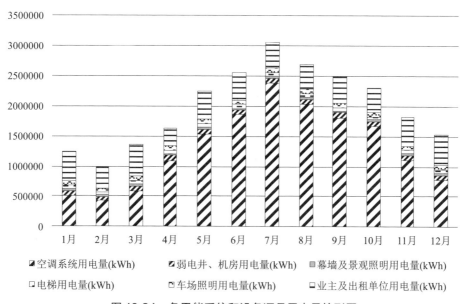

图 10.24　各用能系统和设备逐月用电量柱形图

本项目全年单位面积能耗指标为 83.78kWh/（m²·a），比标准中的约束值降低了 16.22%。

根据国家发改委发布的《2011 年和 2012 年中国区域电网平均 CO₂ 排放因子》，南方区域电网的平均 $CO_2$ 排放因子为 0.5271kg $CO_2$/kWh，本项目全年用电量为 36115800.00kWh，经换算，本项目全年运营产生 19036.64t $CO_2$，单位面积碳排放为 71.30kg $CO_2$/m²。

# 10.4 总结

深交所大厦项目 2018 年 1 月至 12 月的全年能耗为 3611.58 万 kWh，单位面积能耗指标为 83.78kWh/（m² · a），远低于《民用建筑能耗标准》GB/T 51161—2016 对夏热冬暖地区 B 类商业办公建筑能耗的约束值 100kWh/（m² · a）限值的要求。本项目高效主动式节能技术的利用使建筑在保证室内人员热舒适的同时，产生了较低的运行能耗。主要原因在于使用了有效的控制策略，包括变风量全空气空调系统、风冷热泵、楼宇智能化照明控制系统、太阳能热水系统、太阳能光伏发电系统，使得室内环境品质的提升和低能耗运行可以兼得。

# 11 厦门市交通建筑——枋湖客运中心

沈伟非
厦门特运集团枋湖长途汽车站
王建飞
垒知控股集团股份有限公司

## 11.1 项目简介

枋湖客运中心位于厦门市湖里区金湖路，于 2011 年 9 月由厦门金龙客车厂的旧厂房改造而成。枋湖客运中心集长途客运、公交枢纽、出租车服务、商业卖场等四大功能于一体，是厦门岛内最大的长途客运综合枢纽站，如图11.1 所示。

图 11.1　建筑实景图

本项目建设用地面积约 6.9 万 $m^2$，总建筑面积约 44611$m^2$，地上面积44380$m^2$，客运站主站房共 2 层，地下 1 层，东西两侧设备房 3 层，具体信息见表 11.1。

建筑信息表　　　　　　　　　表 11.1

| 建筑高度 /m | 主站房 14.55 ~ 17.30, 设备房 12.8 |
|---|---|
| 空调面积 /m² | 42150 |
| 特殊区域面积 /m² | 120 |
| 地下室面积 /m² | 230.8 |

客运中心主站房的一层是到达层, 二层是出发层, 两层都有相当大面积的商业区域, 包括餐饮、超市等, 商业用电由物业管理。长途客运站售票厅和候车室面积超过 8000m², 共设置售票口 27 个, 检票口 27 个, 发车位 36 个, 发车区面积 7000m², 设计日发送旅客量可达 4 万人次, 节假日可达 6 万人次。近两年由于铁路运输的发展, 枋湖客运中心目前使用的售票厅和候车室面积约 6800m², 使用范围见图 11.2 框中, 由于增加了自动售票取票机, 非客流高峰期售票窗口和检票口仅保留少数几个, 极大地减少了工作人员的投入和空调使用范围。客运中心用电主要包括售票厅、候车厅, 各区域的运行时间如表 11.2 所示。

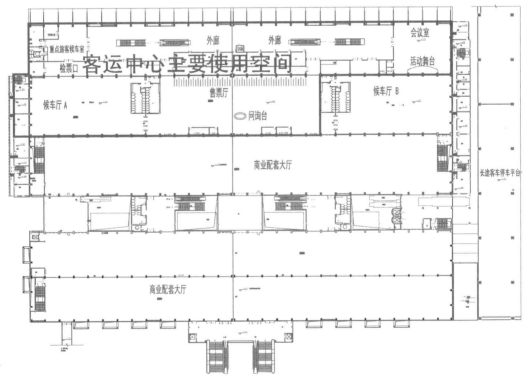

图 11.2　客运中心区域示意图

建筑功能系统分区  表11.2

| 区域 | 区域功能 | 运行时间 |
|------|---------|---------|
| 商场 | 服装、皮具售卖、餐饮 | 9：00～22：00 |
| 超市 | 生活超市 | 8：00～22：00 |
| 客运中心 | 汽车客运中心 | 8：00～22：00 |
| 特殊区域 | 通信机房 | 全时 |
|  | 消控和监控中心 | 全时 |

# 11.2 低碳节能技术

本项目充分遵循可持续发展原则，使用低碳节能的被动式技术，集成高效空调系统、辅助性环境调节措施、高效照明系统、高效动力系统等技术降低建筑能耗。采用的低碳节能技术如图11.3所示。

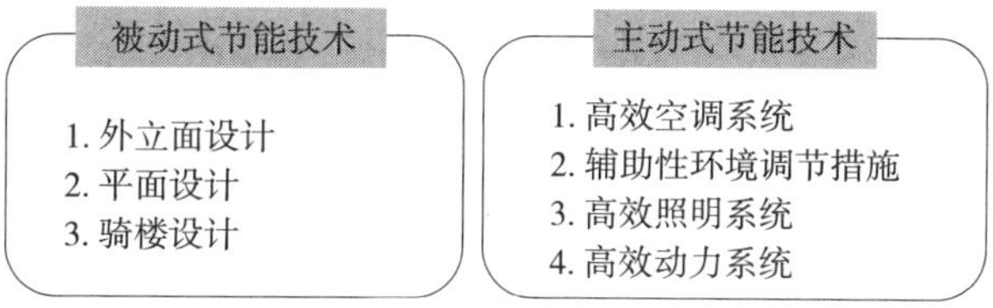

| 被动式节能技术 | 主动式节能技术 |
|------|------|
| 1. 外立面设计<br>2. 平面设计<br>3. 骑楼设计 | 1. 高效空调系统<br>2. 辅助性环境调节措施<br>3. 高效照明系统<br>4. 高效动力系统 |

图11.3 低碳节能技术

## 11.2.1 被动式节能技术

枋湖客运中心原为大跨度钢结构的旧厂房，这给改造带来了很大的发挥空间。项目在改造时融入大量的闽南元素，体现了适应本地区气候特征的闽南建筑文化。闽南官式大厝的外立面坡屋顶、塌岫，以及平面的对称性和天井等元素，在项目中都有体现。

1）外立面设计

闽南地区地处低纬度地区，夏季室内得热大部分来自屋顶，闽南官式大厝的屋顶一般为悬山、硬山配燕尾脊或马鞍脊形式，其屋顶多为架空的双层瓦屋面，隔热通风性能优良，上层瓦为下层瓦遮阳，中间为空气间层，加大了屋顶热阻，散热快。双层通风屋面带走了大量热量，同时为下层屋面提供遮阳，形成有效的热缓冲层，如图11.4所示。枋湖客运中心应用了相似的原理，在中间设计了隔空遮阳坡屋顶，为屋顶遮阳的同时，也有利于自然通风。

图 11.4 闽南传统官式大厝外观图

此外，山墙的高窗、坡屋顶与天井都是官式大厝的典型符号。"下落"的坡屋顶与天井形成风压通风，使自然风通过天井流入室内；高窗结合屋顶在室内上部空间形成热压通风系统，热空气从高窗排出，形成一套流线型通风系统，使室内拥有一个良好的风环境。枋湖客运中心改造时也采用了一排高窗设计，给室内排热排气提供了良好的条件（图 11.5）。

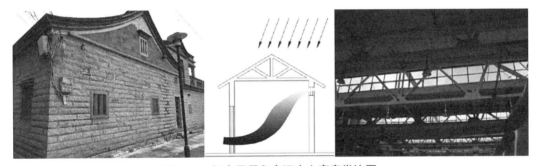

图 11.5 闽南民居和客运中心高窗类比图

2）平面设计

塌岫是官式大厝入口处的内凹处理手法，可以遮风挡雨，防止雨水入侵，并且减少南向太阳辐射从大门进入室内，类似于外廊。枋湖客运中心入口的塌岫做法更具典型性，不仅给顾客一个缓冲的区域，也使进入室内的空气得到了冷却（图 11.6）。

"深井"是闽南方言的称呼方式，即天井，可以使建筑内的其他房间得到更多的采光，优化室内采光环境。天井可以与大门、高窗等一系列构造相结合，形成流线型通风系统，创造优良的室内风环境，在夏季带走热量与湿气。枋湖客运中心的中庭天窗有天然采光作用，且增设遮阳布降低太阳辐射，热量可通过旁边的高窗百叶排出（图 11.7）。

图 11.6 闽南传统和枋湖客运中心塌岫类比图

图 11.7 闽南民居和枋湖客运中心天井类比图

3）骑楼设计

枋湖客运中心的外廊检票口采用了闽南特有的骑楼外廊。外廊是骑楼的典型特点，外廊的设立使得外廊底部在夏季受到较少的太阳辐射，底部温度较低，与室外的高温空气形成对流，有利于热压通风；随着太阳的斜射，外廊下部的温度上升，下部热空气上升至外廊上部或室外，外廊下部未被太阳照射的地方和建筑内的空气压力较大，而外廊下部被加热的空气压力较小，便向外廊和室外流动，补充外廊下部空气上升后的空间，形成通风。外廊底部上升至外廊上方的空气冷却后下降，由此也形成外廊内空气的回流，见图 11.8。枋湖客运中心的高窗更是给了上升的热气一个排气口，从而形成一个优良的风循环系统。

## 11.2.2 主动式节能技术

本项目充分遵循可持续发展原则，通过对空调系统和照明系统的节能改造，取得良好的节能减排效果。

1）高效空调系统

枋湖客运中心空调系统采用风机盘管加新风系统，共有 2 台单螺杆式冷水

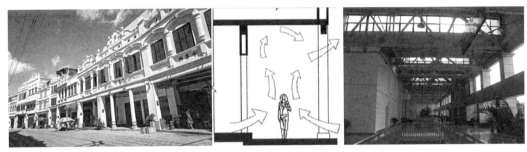

图 11.8　闽南骑楼和枋湖客运中心外廊检票口类比图

机组,配备 3 台冷冻水泵和 3 台冷却水泵。主机和水泵置于建筑东侧的冷冻机房。系统同时配备 2 台冷却塔,置于东侧屋面。空调机组、空调末端及其辅助设备参数见表 11.3 和表 11.4。空调机组如图 11.9 所示。

空调系统冷站设备参数表　　　　　　　　　　　　表 11.3

| 名称 | | 区域 | 台数 | 扬程（H₂O）/m | 流量 / ( m³/h ) | 输入功率 /kW |
|---|---|---|---|---|---|---|
| 冷水机组 | | 客运中心 | 2 | / | / | 479 |
| 冷却塔 | | | 2 | / | / | / |
| 离心式 | 冷冻水泵 | | 3 | 32 | 160 | 22 |
| | 冷却水泵 | | 3 | 24 | 180 | 18.5 |

空调末端及其辅助设备参数表　　　　　　　　　　表 11.4

| 名称 | 新风机 | 风机盘管 | 分体空调 |
|---|---|---|---|
| 制冷量 /kW | 380 | 5500 | 5 |
| 电机功率 /kW | 50 | 120 | 1.47 |

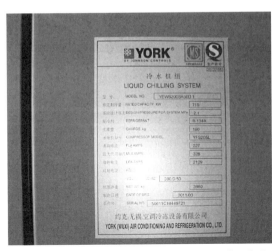

图 11.9　空调机组铭牌和能效标识

本项目通过对空调系统中的主机、冷却塔、水泵等控制方式的改造,有效节约了空调能耗,空调系统主要设备控制方式改造情况如表 11.5 所示。

空调制冷系统主要设备控制方式变化 表 11.5

| 名称 | 原有控制方式 | 改造后的控制方式 |
|---|---|---|
| 主机 | 人工手动就地启动现场无群控系统 | 远程 / 就地启动、智能群控、机组自动加减机、主机出水温度分期智能调节 |
| 冷却塔 | 直接启动 | 直接启动、台数控制 |
| 冷冻水泵 | 软启动 | 变频调节 |
| 冷却水泵 | 软启动 | 变频调节 |

本项目采用中央空调智能化与节能系统,根据监测冷冻水回路供水流量、冷冻水供回水总管温度、主机冷冻水供回水温度及分集水器间的压差,计算各区域的空调负荷,从而对冷冻机组进行群控。冷冻水系统采用变流量控制技术,根据末端空调参数的变化情况,对系统的冷冻水流量进行控制,在满足末端温度要求的情况下,最大限度地减少冷冻水管网的阻力及冷冻水泵的转速和功率。冷却水系统增加智能控制器及变频装置,并连接入制冷机房智能群控系统,同时优化相应的控制逻辑。冷却水供回水管路上设置了温度传感器,根据控制系统计算出最佳的冷却水进水温度,调节冷却塔风机的开启数量。图 11.10 为本项目中央空调智能化与节能系统控制界面。

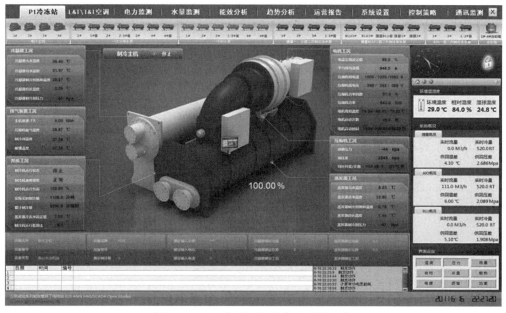

图 11.10　中央空调智能化与节能系统

图 11.11　室内外过渡区域使用电风扇

2）辅助性环境调节措施

由于建筑设计了类骑楼的外廊，该区域受室外环境影响，虽然骑楼加高窗的设计已对炎热环境有所缓解，但夏季仍然存在高湿高温的情况。客运中心以风扇作为调节该区域环境的设备，如图 11.11 所示。

客运站候车厅作为大空间区域，往往因空调出风口之间距离较远而温度分布不均匀，本项目使用长条形送风布袋，使空调冷风可以在内区较大范围均匀地分布，如图 11.12 所示。

图 11.12　出风口包围均匀开孔风管

3）高效照明系统

客运中心的照明系统通过节能改造将原有的荧光灯替换成了高效节能型 LED 灯，主要用于室内公共照明。车站候车厅和检票区采用 LED 工矿灯，由于客运中心具有大量高窗，白天采光条件好的情况下室内照度已能满足需求，所以照明系统的正常日运行时间为 17∶00 ~ 22∶00，具体依实际的室内亮度而定。车站管理办公室采用 T8 LED 灯，正常日运行时间为 13h。车站楼梯间、卫生间等公共区域采用 LED 筒灯，正常日运行时间为 13h。室内照明情况如图 11.13 所示。

4）高效动力系统

建筑共有 2 部直行梯，8 部自动扶梯，如图 11.14 所示。每部电梯每日均运行 12h，所有电梯晚上 22∶00 以后都关闭。电梯全部采用变频设计，不使用期间全面待机。

图 11.13 室内节能照明

图 11.14 室内用手扶梯与直梯

其他动力设备包括水泵和风机。建筑生活用水由市政供水直接提供，消防用水由 2 台消防喷淋水泵和 2 台消防给水泵提供。卫生间排气扇共 38 台，上班时间运行。设备参数见表 11.6 与表 11.7。

水泵设备参数表　　　　　　　　　　表 11.6

| 名称 | 台数 | 流量 /（m³/h） | 功率 /kW | 年运行时间 /h |
| --- | --- | --- | --- | --- |
| 消防给水泵 | 2 | 288 | 110 | 6 |
| 喷淋水泵 | 2 | 72 | 22 | 6 |
| 污水泵 | 2 | 25 | 2.2 | 6 |

风机系统设备表　　　　　　　　　　表 11.7

| 名称 | 台数 | 风量 /（m³/h） | 风压 /Pa | 功率 /kW |
| --- | --- | --- | --- | --- |
| 加压送风机 | 4 | 20000 | 520 | 7.5 |
| 卫生间排气扇 | 38 | — | — | 0.06 |

# 11.3 运行效果分析

对本项目 2019 年逐月能耗进行了监测，并对候车厅、卫生间门口以及售票厅三个区域在 2019 年 9 月至 2020 年 8 月进行了持续一年的室内温湿度监测。

## 11.3.1 室内环境分析

候车厅、卫生间门口以及售票厅三个测点的空气温度和相对湿度全年变化情况如图 11.15 和图 11.16 所示。

结合枋湖客运中心 2019 年逐月空调用电情况，如图 11.17 所示，可以看出 6 月至 10 月为空调开启时间，其余时间为自然通风工况。因此将 6 月至 10 月定义为空调季，其他月份为非空调季。

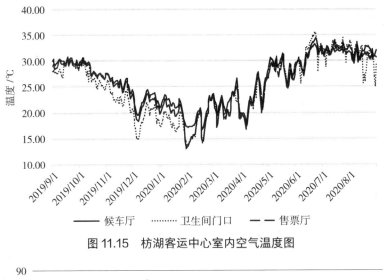

图 11.15 枋湖客运中心室内空气温度图

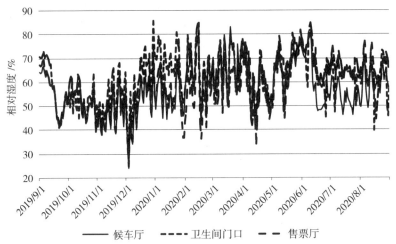

图 11.16 枋湖客运中心室内相对湿度图

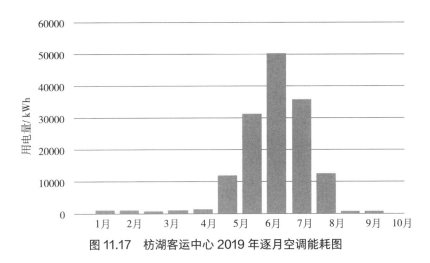

图 11.17 枋湖客运中心 2019 年逐月空调能耗图

从图中可以看出，三个测点在测试期间的温度变化趋势大致相同，代表空调工况下室内热环境较为稳定；10 月中旬之后为自然通风环境，候车厅人流较为集中，因此温度略高于其他区域；进站口与售票厅空间上相连，因此室内环境差异较小；卫生间门口则温度较低，湿度较大，符合区域特点。

为研究该项目全天的空气温度变化情况，分别在空调季和非空调季选取一周的逐时空气温度进行对比分析。

枋湖客运中心空调季的室内温度波动规律显著，由图 11.18 可知，空调白天开启，时间固定为上午 9 点到下午 6 点。三个测点的室内温度差异明显，长期维持候车厅 > 售票厅 > 卫生间门口，温度差值约 1.5℃。过渡季室内为自然通风工况，三个区域的温度波动主要受室外空气温度影响，三个区域的温度则呈现出与夏季不同的趋势及温差情况，如图 11.19 所示。

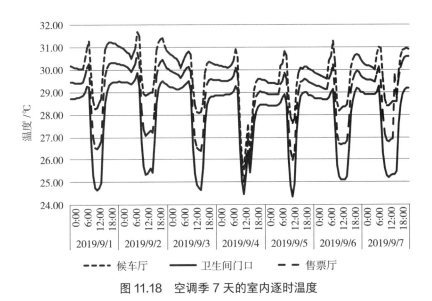

图 11.18 空调季 7 天的室内逐时温度

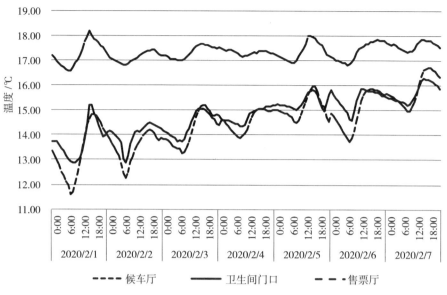

图 11.19　非空调季 7 天的室内逐时温度

　　由图 11.20 可知，空调季枋湖客运中心三个监测区域平均温度符合《民用建筑供暖通风与空气调节设计规范》GB 50736—2012 标准中舒适范围内的时间为 85.6%，且全部时间达到Ⅱ级舒适度。其余时间未达标的原因主要是室内温度较高，同时，该项目开启空调的区域较少，大部分采用风扇辅助降温，且候车室和大厅均受室外环境影响，所以在夏热冬暖地区的空调季，交通建筑需要注意隔热降温。

　　由图 11.21 可知，非空调季三个测点的平均温度符合《民用建筑室内热湿环境评价标准》GB/T 50785—2012 标准对非人工冷热源环境下舒适度要求（温度 18 ~ 28℃）的时间为 90.5%，明显高于空调季，其中，50.8% 和 39.7% 的时间分别达到Ⅰ级和Ⅱ级舒适度。其余时间未达标的原因是室内温度较低。

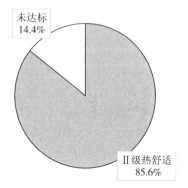

图 11.20　空调季室内舒适度情况

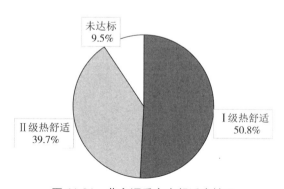

图 11.21　非空调季室内舒适度情况

通过以上分析发现，枋湖客运中心全年温度较高，若空调季温度较高，则不舒适时间的占比较大;若非空调季温度较高,则舒适时间占比较高。由此可知，夏热冬暖地区的交通建筑在注重空调季隔热降温的同时，还需注意维持非空调季的温度。

### 11.3.2 运行能耗分析

本项目的主要用能种类为电能，用电设备主要包括空调系统、插座照明系统、动力系统以及特殊区域用电系统等，具体见表11.8。

建筑的用电能耗种类　　　　表 11.8

| 案例编号 | 分项能耗 | 用能子项 |
|---|---|---|
| 1 | 照明插座系统 | 客运中心照明插座 |
|  |  | 走廊与应急照明 |
|  |  | 设备房照明 |
| 2 | 空调通风系统 | 主机 |
|  |  | 冷冻水泵、冷却水泵 |
|  |  | 冷却塔 |
|  |  | 风机盘管 |
|  |  | 新风系统 |
| 3 | 动力系统 | 电梯、步梯 |
|  |  | 生活水泵、消防水泵和风机 |
| 4 | 特殊区域系统 | 消控中心 |
|  |  | 通信机房 |
|  |  | 安防控制室 |
|  |  | 设备房 |

枋湖客运中心的特殊区域包括通信机房、消防控制中心、监控室、调度广播室等区域，总建筑面积为120m²，详见表11.9。

特殊区域详情　　　　表 11.9

| 区域 | 面积 /m² | 主要设备 |
|---|---|---|
| 信息机房 | 12 | 服务器、网络设备 |
| 通信机房 | 20 | 服务器、网络终端 |
| 消防控制中心 | 36 | 消控主机 |
| 监控室 | 32 | 监控主机、液晶显示器 |
| 调度广播室 | 20 | 广播设备、调度主机 |

本项目 2019 年 12 个月的总能耗为 338742.8kWh，全年单位面积能耗为 49.8kWh/m²，其中，空调耗电量达到 149584kWh，占比 44%；其次是照明插座用电，为 103421kWh；特殊区域用电量为 78604kWh；动力系统用电最少，为 7134kWh。2019 年建筑逐月分项能耗如图 11.22 所示。

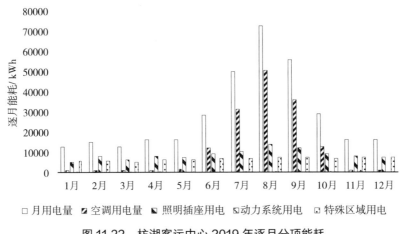

图 11.22　枋湖客运中心 2019 年逐月分项能耗

通过图 11.22 可以看出，本项目 6 月至 10 月为高耗能月份，其他月份均保持着接近的基础用能。通过对各分项能耗逐月分析可知，照明用能、动力用能与特殊区域用能全年均保持在一个较为稳定的水平。虽然枋湖客运中心总体能耗较低，且空调季的空调设定温度较高，但空调系统用能仍然是占比最大的用电分项，如图 11.23 所示。

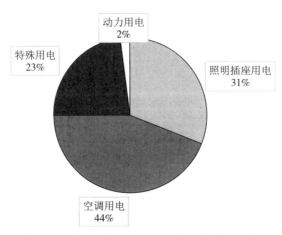

图 11.23　枋湖客运中心 2019 年分项能耗占比

本项目对标《民用建筑能耗标准》GB/T 51161—2016 中办公建筑的指标，夏热冬暖地区 B 类商业办公建筑能耗指标的约束值和引导值分别为 100kWh/（$m^2 \cdot a$）和 75kWh/（$m^2 \cdot a$），本项目 2019 年建筑能耗指标为 49.8kWh/（$m^2 \cdot a$），远小于引导值。从建筑用能情况来看，枋湖客运中心采取了自然通风、天然采光、风扇调节等措施降低了空调能耗和照明能耗。此外，候车外廊为非空调区，占实际使用面积的 1/4，该区域仅采用风扇降温，这也是客运中心单位面积能耗较低的原因之一。

根据国家发改委发布的《2011 年和 2012 年中国区域电网平均 $CO_2$ 排放因子》，华东区域电网的平均 $CO_2$ 排放因子为 0.7035kg $CO_2$/kWh，本项目 2019 年用电量为 338742.8kWh，经换算，本项目全年运营产生 238.31t $CO_2$，单位面积碳排放为 5.34kg $CO_2$/$m^2$。

# 11.4  总结

枋湖客运中心项目 2019 年 1 月至 12 月的全年能耗为 338742.8kWh，单位面积能耗指标为 49.8kWh/（$m^2 \cdot a$），远低于《民用建筑能耗标准》GB/T 51161—2016 对夏热冬暖地区 B 类商业办公建筑能耗的引导值 50kWh/（$m^2 \cdot a$）限值的要求。从建筑用能情况来看，枋湖客运中心采取了自然通风、天然采光、风扇调节等措施降低了空调能耗和照明能耗。此外，候车外廊为非空调区，占实际使用面积的 1/4，该区域仅采用风扇降温，这也是项目单位面积能耗较低的原因之一。

二
城镇住宅优秀案例

# 1 中新生态城公屋二期

惠超微　张占辉
天津生态城公屋建设有限公司

## 1.1 项目简介

中新生态城公屋二期位于天津市滨海新区中新生态城 15 号地块内，地处和畅路与和风路交叉口。总建筑面积 7.2 万 $m^2$，地上建筑面积 6.1 万 $m^2$，地下建筑面积 1.1 万 $m^2$，小区共计 620 户，鸟瞰图如图 1.1 所示。其中，4 号楼和 5 号楼作为被动房示范案例，两栋建筑均为 16 层，高度均为 50.7m，建筑结构形式为剪力墙结构。建筑首层为设备用房及自行车库，层高 3.6m，住宅部分层高为 3.1m。本被动房在 2020 年 1 月正式投入使用，是德国被动房研究所（PHI）在中国范围内认证的首个高层被动房项目。

图 1.1　项目外观鸟瞰图

# 1.2 低碳节能技术

### 1.2.1 被动式节能技术

1）围护结构保温设计

本项目建筑朝向为南北向，体形系数为 0.255。建筑外保温采用 240mm 厚的石墨聚苯板，单层铺设，建筑围护结构外立面剖面如图 1.2 所示。

图 1.2 建筑围护结构外立面剖面图

建筑外窗采用 PHI 认证的铝包木三玻窗，使用暖边间隔条，外挂式安装。暖边间隔条的各项性能均优于普通铝间隔条，具体体现在：

（1）隔声性能：中空玻璃一般可降低噪声 30dB，使用普通铝隔条并充入惰性气体可在原有基础上再降低 5dB 左右，而使用暖边间隔条可以降低 60dB 的噪声；

（2）保温性能：使用暖边间隔条比使用普通铝间隔条可以进一步降低传热系数 U 值；

（3）防结露性能：中空玻璃的普通铝隔条可吸附内腔和外界可能渗入的水蒸气。更换成暖边间隔条可以有效隔绝室内外温差，使室内窗边不会结露。

目前，我国被动房的外窗主要采用外挂式安装，如图 1.3 所示。外挂式安装相较于内嵌式安装保温性能更好，不易形成冷热桥现象。

图 1.3　被动式节能窗外挂式安装

围护结构传热系数及做法如表 1.1 所示。

围护结构传热系数及主体构造　　　　　　　　　　表 1.1

| 部位 | 传热系数 /[W/（m²·K）] | 主体构造 |
| --- | --- | --- |
| 外墙 | 0.15 | 240mm 石墨聚苯板 + 岩棉带 |
| 屋面 | 0.15 | 240mm 聚氨酯喷涂 |
| 分隔采暖与非采暖空间楼板 | 0.3 | 20mm 挤塑聚苯板（内）+120mm 岩棉板 |
| 外窗 | ≤ 0.8，$SHGC = 0.44$ | 5+12Ar+5+12Ar+5 双银 Low-E |

2）遮阳设计

建筑各向外窗的遮阳系数为 0.5，建筑的东、西、南向的外窗（包括封闭式阳台的透明部分）设置电动铝合金外遮阳卷帘，如图 1.4 所示，结合外窗吊挂在墙体上，北向楼梯间外窗不设遮阳。东、西向（含凸窗）窗墙比 >0.4 部分的外窗综合遮阳系数为 0.35，东、西向（含凸窗）窗墙比 ≤ 0.4 部分的外窗综合遮阳系数为 0.45。

3）无热桥设计

建筑的所有热桥节点均进行模拟计算分析，找出薄弱点进行优化，力求将热桥导致的热损失降至最低。施工中采用将挑檐与结构楼板分离的做法断开热桥，预埋件用隔热衬垫与结构隔开以减少埋件与结构墙体的接触。管道均外包

图 1.4　建筑外遮阳设计

与管道相同厚度的保温层，另外，对于一些特殊节点，采用保温材料全包裹的形式来阻断热桥，从而保证被动房的保温性能，如图1.5 所示。

4）气密性设计

建筑的气密层采用简洁的造型和节点设计，以减少或避免出现难以处理的节点。除此之外，对门洞、窗洞、电气接线盒、管线贯穿处等易发生气密性问题的部位，专门进行节点设计。

图 1.5　无热桥保温设计

所有外檐门窗的气密性等级均达到 7 级，分户门气密性等级不低于 4 级。

## 1.2.2　主动式低碳节能技术

1）高效新风热回收技术

由于项目所在地夏季气候潮湿，供冷季潜热负荷较大，因此，本项目主要采用新风全热回收配合一拖一空调系统进行建筑室内环境调节。全热新风热回收系统的热回收率大于80%，湿回收率大于55%，如图 1.6 所示。系统在回收热量的同时，也对水蒸气有较好的回收效果，以保证室内的温湿度控制需求。除此之外，风管上设置消声装置，从而达到德国被动房标准中室内噪声不超过 25dB 的

图 1.6　新风热回收系统

控制要求。

为节省管路布置空间，风管机与新风机采用一套风管系统送风，通过热交换后进入室内的新风以及被风管机抽取的室内回风在风管机处被混合并被加热或制冷，之后再通过风管送往各室内空间。房间内的气流组织形式为：从起居室和卧室送入新风，新风经过就餐区及过道等过渡区，通过厨房和卫生间的回风口回风，并与新风进行全热交换，使室内所有房间均纳入气流组织系统中，形成一个完整的气流组织过程，同时避免气流交叉现象。

除户内新风系统外，针对被动房高气密性特点，还额外增设了其他通风换气设备以保证楼内的空气质量。一是为了避免抽油烟机开启带来的室内负压，在抽油烟机附近增设补风口，与抽油烟机进行联动；二是为避免楼梯间空气不流通，在楼梯间增设送排风风道，采用带热回收的集中新风换气系统进行通风换气。

2）可再生能源利用技术

本项目楼顶专门设有统一的太阳能热水设备用房，并统一安装板式集热器收集太阳能，集热器面积平均每户大于 $2m^2$，如图 1.7 所示。各住户由太阳能

图 1.7　楼顶板式集热器

热水器提供生活热水，热水供给量可满足年需求量的80%，另外，卫生间热水由集中集热 – 分户储热太阳能热水系统供应。

## 1.3 技术经济分析

以被动房5号楼D户型的203室住宅为分析对象，该室及同层各户的户型如图1.8所示，各户型建筑面积均为89m², 实际室内面积约为71m², 均为两室一厅。

图1.8 分析对象户型图

203室家庭常住人口为2名成人。主要用能设备包括电视机1台、电冰箱1台、洗衣机1台、热水器1台、空调1台，燃气灶及油烟机等，主要设备功率参数如表1.2所示。

家用主要设备参数      表1.2

| 设备名称 | 价格 | 型号 | 能效等级 | 功率 |
|---|---|---|---|---|
| 新风热泵多功能机组 | 12000 元 | CHM–AC60HB00AB | — | 制冷 1.23kW<br>制热 1.15kW |
| 电视机 | 2999 元 | 65V2–PR0 | 2 级 | 150W |
| 电冰箱 | 2199 元 | BCD–258WTPZM（E） | 1 级 | 23W |
| 洗衣机 | 1999 元 | EG10012B939GU1 | 1 级 | 200W |
| 电热水壶 | 116 元 | SWF17S05A | — | 1500W |
| 抽油烟机 | 3999 元 | CXW–200–C390 | 1 级 | 202W |

### 1.3.1 室内环境分析

本项目建立了建筑室内环境实时监测和运营管理系统,进行室内温湿度、$CO_2$、$PM_{2.5}$ 等关键参数的监测。

1)室内热湿环境

室内环境监测时间为 2020 年 1 月 21 日 ~ 2021 年 1 月 21 日,根据空调系统实际运行情况和机组开启情况,界定供冷季为 2020 年 6 月 1 日 ~ 2020 年 9 月 30 日,供暖季为 2020 年 1 月 21 日 ~ 3 月 31 日和 2020 年 11 月 1 日 ~ 2021 年 1 月 21 日,其余时间为过渡季。

(1)供冷季

203 室 2020 年供冷季的室内温湿度情况如图 1.9 所示,室内温度平均值为 26.3℃,最大值和最小值分别为 27.9℃ 和 23.8℃;室内相对湿度平均值为 69.2%,最大值和最小值分别为 80.8% 和 43.1%。

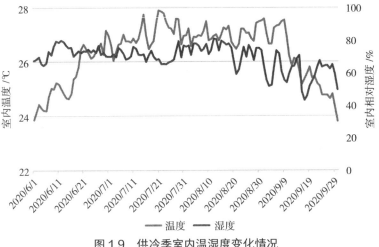

图 1.9　供冷季室内温湿度变化情况

供冷季监测期共 122d,6.6% 的时间能够达到《民用建筑供暖通风与空气调节设计规范》GB 50736—2012 标准中供冷工况的 I 级(温度 24 ~ 26℃,湿度 40% ~ 60%)室内舒适度要求,27.9% 的时间能够达到标准中供冷工况的 II 级(温度 26 ~ 28℃,湿度 ≤ 70%)室内舒适度要求。其余时间未达标的原因主要是室内温度过低或相对湿度过高,其中,室温过低的天数为 2d,占比 1.6%;温度在 24 ~ 26℃ 范围内,但湿度高于 60% 的天数为 28d,占比 23%;温度在 26 ~ 28℃ 范围内,但湿度高于 70% 的天数为 50d,占比 40.9%。室内舒适度具体比例如图 1.10 所示。

（2）供暖季

供暖季室内参数如图 1.11 所示，室内温度平均值为 19.9℃，最大值和最小值分别为 24.6℃ 和 12.4℃；相对湿度平均值为 52.1%，最大值和最小值分别为 67.6% 和 35.3%。

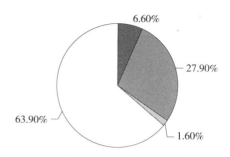

6.60%
27.90%
1.60%
63.90%

■Ⅰ级热舒适　■Ⅱ级热舒适　▨室温过冷　□湿度过高

图 1.10　供冷季室内舒适度具体比例

供暖季监测期共 153d，室内温度在 69.3% 的时间内能够达到《民用建筑供暖通风与空气调节设计规范》GB 50736—2012 标准中冬季人工环境舒适度要求（18 ~ 24℃），其中 31d 达到《民用建筑供暖通风与空气调节设计规范》GB 50736—2012 标准的Ⅰ级舒适度要求（22 ~ 24℃，湿度 ≥ 30%），占比 20.3%，75d 能够达到 18 ~ 22℃的Ⅱ级舒适度要求，占比 49.0%。室内温度

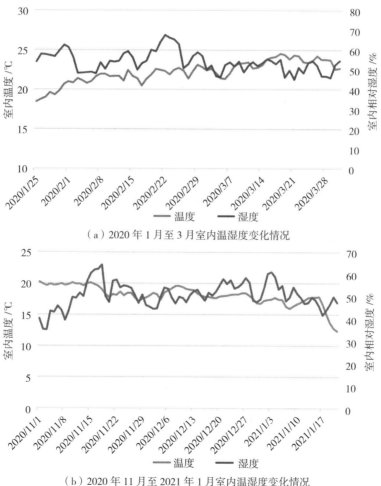

（a）2020 年 1 月至 3 月室内温湿度变化情况

（b）2020 年 11 月至 2021 年 1 月室内温湿度变化情况

图 1.11　供暖季室内温湿度变化情况

过高的天数为 7d，占比 4.6%；
室内温度过低的天数为 40d，
占比 26.1%。室内舒适度具体
比例如图 1.12 所示。

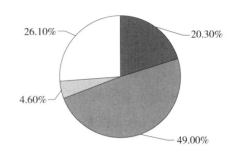

2）室内 $CO_2$、$PM_{2.5}$ 浓度

根据连续监测数据记录，
图 1.13 表示了测试期间室内主
要房间 $CO_2$ 浓度的变化情况，

图 1.12　供暖季室内舒适度具体比例

平均值为 836.3ppm，最大值为 2032.6ppm，最小值为 500ppm，278d 的浓度低于《室内空气质量标准》GB/T 18883—2002 规定的 1000ppm 限值，占 77.0%。室内主要房间 $PM_{2.5}$ 浓度变化情况如图 1.14 所示，平均值为 73.1μg/m³，最大值为 163.2μg/m³，最小值为 2.8μg/m³。根据《环境空气质量标准》GB 3095—2012 规定，58d 达到

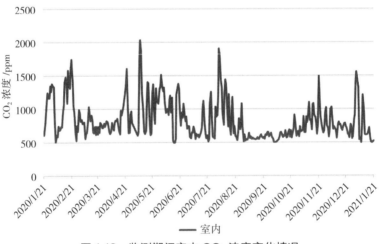

图 1.13　监测期间室内 $CO_2$ 浓度变化情况

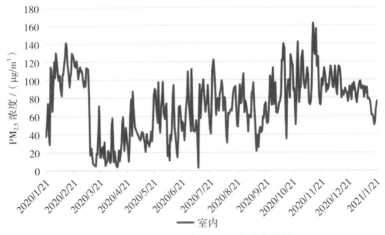

图 1.14　监测期间室内 $PM_{2.5}$ 浓度变化情况

24h 均值低于 35μg/m³ 的 I 级浓度限值要求，占比 16.1%，172d 达到 75μg/m³ 的 II 级浓度限值要求，占比 47.6%。

综上所述，在监测期间，室内 $CO_2$ 浓度和 $PM_{2.5}$ 浓度有少数时间略高于限值要求，$CO_2$ 浓度较高是室内人员过多或通风换气不足所致，室内 $PM_{2.5}$ 浓度主要受室外环境的影响。

### 1.3.2　运行能耗分析

项目从 2020 年 1 月投入使用以来，安装了分项计量电表自动记录数据，为建筑节能诊断提供了安全可靠的数据信息。203 室住户 2020 年 1 月 16 日至 2021 年 1 月 15 日的逐月分项耗电量如图 1.15 所示。可以看出，住户的普通用电（生活用电）在一年中各月的使用量接近，空调耗电量仅出现在供冷季和供暖季，耗电多少受住户的生活习惯或可接受的室内空气质量等因素影响。

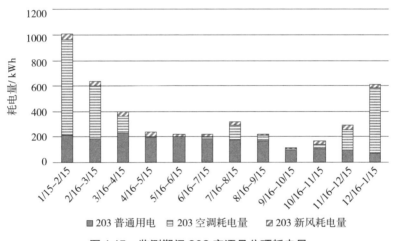

图 1.15　监测期间 203 室逐月分项耗电量

该室住户全年分项能耗所占比例如图 1.16 所示。可以明显看出，住户的普通用电（生活用电）和冬季空调用电占比较大，夏季空调能耗和新风能耗较少。

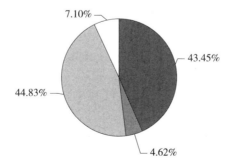

图 1.16　监测期间 203 室全年各分项能耗比例

该室住户的非供暖能耗为 2463.15kWh，满足《民用建筑能耗标准》GB/T 51161—2016 中对寒冷地区居住建筑非供暖综合电耗指标约束值 2700kWh/（a·H）的要求。冬季供暖空调能耗为 2009.26kWh，按照 89m² 的建筑面积进行计算，单位面积冬季空调能耗指标为 22.6kWh/（m²·a）。根据《民用建筑能耗标准》GB/T 51161—2016 的规定，将冬季供暖能耗（320g ce/kWh）折合为标煤，则建筑供暖能耗指标为 7.2kg ce/（m²·a），远低于《民用建筑能耗标准》GB/T 51161—2016 中天津市小区集中供暖能耗指标约束值 13.2kg ce/（m²·a）和引导值 9.1kg ce/（m²·a）的限值，证明节能效果较明显。

根据国家发改委发布的《2011 年和 2012 年中国区域电网平均 $CO_2$ 排放因子》，华北区域电网的平均 $CO_2$ 排放因子为 0.8843t $CO_2$/MWh，本项目 203 室的全年用电量为 4472.41kWh，经换算，该室住户全年产生 3.95t $CO_2$，单位面积碳排放为 44.44kg $CO_2$/m²。

### 1.3.3　室内环境与能耗关联性分析

为进一步分析能耗与室内热环境之间的关系，收集了 2020 年 1 月 15 日至 2021 年 1 月 15 日期间 203 室的室内环境监测数据。空调能耗与室内热环境的关系如图 1.17 所示。

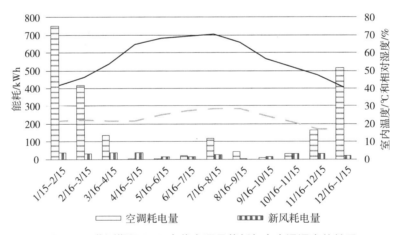

图 1.17　监测期间 203 室住户逐月能耗与室内温湿度的关系

可以看出，过渡季室内逐月平均温度在 21 ～ 25℃，但室内平均湿度大于 60%；供暖季的室内平均温度在 20℃左右，室内湿度在 30% 以上，大部分时间均达到《民用建筑供暖通风与空气调节设计规范》GB 50736—2012 标准中供热工况的 Ⅱ 级（温度 18 ～ 22℃）的室内舒适度要求，仅 2020 年 11 月 15 日 ～ 2021 年 1 月 15 日期间存在室温过冷现象，是住户在家中居住的时间较少，未开启空调进行供热所致；供冷季的室内平均温度在 27℃左右，大部分时间均达到《民用建筑供暖通风与空气调节设计规范》GB 50736—2012 标准中供冷工况对室内温度的要求（温度 24 ~ 28℃，湿度 ≤ 70%），但室内平均湿度较高，甚至超过 70%，该现象与除湿机除湿效果不明显、住户更喜欢湿润些的室内环境、为节省电费而减少空调和新风机组的开启时间等因素有关。

由于只统计了能耗和室内环境参数的逐月平均值，因此全年只有 12 组数据，故无法准确分析能耗与室内温度之间是否存在定量关系。通过对比可以发现，供冷季的空调能耗越高，室内温度越低，供暖季的空调能耗越高，室内温度越高。新风能耗会影响室内相对湿度，新风能耗越高，室内相对湿度越低，新风能耗分布越均匀，室内相对湿度越低且越稳定。另外，住户只有 7 月中旬至 8 月中旬有明显的夏季供冷能耗，这与公共建筑有着比较明显的区别。一方面是由于北方气温较低且气候干燥，仅 7、8 月份时的气候较为湿热；另一方面是住户更愿意在初夏及夏末通过自然通风的方式降温，同时减少电力的使用，因此住户一般只在潮湿闷热的 7、8 月份开启空调，以节省电费。

### 1.3.4 经济性分析

中新生态城公屋二期的电力收费标准如表 1.3 所示。监测期间 203 室总耗电量为 4472.41kWh，共产生电费 2283.1 元，其中冬季供暖的耗电量为 2009.26kWh，电费为 984.5 元。如果按照建筑面积 $89m^2$ 折算市政集中采暖费为 2225 元，可见，使用空调较市政集中采暖节约 55.8% 的费用。

电力局阶梯电价标准                                              表 1.3

| 序号 | 标准 | 月用电量 | 电价标准 | 此标准电价对应总电量 |
|------|------|----------|----------|----------------------|
| 1 | 第一档 | 0 ~ 220kWh | 0.49 | 2640 |
| 2 | 第二档 | 221 ~ 400kWh | 0.54 | 2640 ~ 4800 |
| 3 | 第三档 | 400kWh 以上 | 0.79 | 大于 4800 |

# 1.4 总结

综上所述，天津中新生态城公屋二期被动房 203 室的非供暖能耗为 2463.1kWh/（a·H），满足《民用建筑能耗标准》GB/T 51161—2016 对寒冷地区居住建筑非供暖综合电耗指标约束值 2700kWh/（a·H）的要求，且较按面积收费的市政集中采暖节约电费 55.8%。通过分析其设计策略、运行策略及测试结果，可以得到以下启示：

（1）该室住户每个月的生活用电量接近，且占据全年能耗的主要部分；空调耗电量仅出现在供冷季和供暖季，其中夏季空调能耗较低。可见该被动房使用空调制冷和供暖，依然可以达到较低的全年能耗和冬季供暖能耗，主要得益于高效的新风热回收技术及太阳能利用技术。

（2）从实测结果可以看出，该室夏季存在室温过冷或湿度过高的情况，冬季存在室温过高和过低的情况。对于我国北方城镇住宅，住户很有可能出于节省电费的考虑而减少新风机和空调的开启时间。但是，室内热环境受人员主观影响较大，不满足标准要求的部分不代表人员不满意。

（3）本项目在提供健康舒适的建筑室内环境的同时，有效降低了能耗。被动式与主动式技术的使用，为我国寒冷地区城镇住宅建筑的绿色低碳发展提供了重要参考。另外，若城镇住宅建筑中各住户独立供暖和供冷，则由于个体差异导致的能耗水平及室内热舒适水平差异较大，不易寻找定量规律。通过对该室住户的环境及能耗监测可以发现，其生活用电占比最大，因此城镇住宅应重视住户的行为节能，如选用节能灯照明、养成随手关灯的好习惯、夏季空调温度在国家提倡的基础上调高 1℃、出门前 3min 关闭空调等。

# 2 曹妃甸首堂·创业家

牛汀雨　张伟
京冀曹建投公司

## 2.1　项目简介

首堂·创业家被动式超低能耗绿色建筑位于河北省唐山市曹妃甸新城。曹妃甸新城作为唐山南部沿海次中心城市，是京津冀协同发展的重要城市。项目总建筑面积 15 万 $m^2$，由 3 层联排、4 层叠拼以及 9 层花园洋房组成，是专为创业者量身打造的绿色环保、超低能耗的被动式住宅建筑，是国内已建成和在建的规模最大的被动式建筑群。该项目已获得国家住房和城乡建设部 2017 年科技示范工程、中国超低能耗建筑标识。图 2.1 为 213 号楼实景图，总建筑面积 5957.27$m^2$，高 28.45m，共 9 层，总规划 59 户。

图 2.1　首堂·创业家被动式超低能耗住宅 213 号楼实景图

## 2.2　低碳节能技术

### 2.2.1　外围护结构保温隔热技术

项目外墙采用 250mm 厚 B1 级石墨聚苯板保温材料，屋面采用 300mm 厚的挤塑聚苯乙烯泡沫板（XPS）。围护结构各部分的传热系数均优于《河北省居住建筑节能设计标准》DB13（J）185—2015 中的要求，具体参数如表 2.1 所示。

<table>
<tr><td colspan="5" align="center">围护结构传热系数　　　　　　　　　　　　　　　　　　表 2.1</td></tr>
</table>

| 部位 | 做法 | 传热系数 /[W/（m²·K）] | 规范限值 /[W/（m²·K）] |
|---|---|---|---|
| 外墙 | 150mm 钢筋混凝土 +250mm 石墨聚苯板 | 0.11 | 0.15 |
| 屋顶 | 150mm 钢筋混凝土 +300mm 挤塑聚苯乙烯泡沫板 | 0.14 | 0.15 |
| 外窗 | 铝包木 5Low-E+18Ar+5+18Ar+5Low-E（暖边）三玻两腔双 Low-E | 0.8 | 1.0 |

### 2.2.2　高效能门窗及气密性技术

外窗采用被动房专用的三玻两腔 5Low-E+18Ar+5+18Ar+5Low-E 双暖边中空氩气玻璃，全窗的传热系数小于 0.8W/（m²·K），太阳得热系数 0.482，气密性可达 8 级。外门选用被动房专用三防门（防盗、保温、隔声），传热系数不大于 0.8W/（m²·K），气密性可达 8 级，从而极大减少室内外热交换。外窗采用外挂式安装，窗框与结构墙体间的缝隙处装填预压自膨胀缓弹海绵密封带，外窗洞口与窗框连接处进行防水密封处理，室内侧粘贴隔汽膜，室外侧采用防水透汽膜处理。为最大限度地减少外窗框的热桥损失，在安装外窗时外墙保温层尽量多地包住窗框。门窗做法如图 2.2 所示。

（a）被动房专用外窗　　　（b）外窗安装做法　　　（c）被动房专用三防门　　　（d）外门安装做法

图 2.2　被动房专用高性能门窗

### 2.2.3　五位一体新风系统

本项目通过定制的五位一体新风机实现室内恒温、恒湿、恒氧，同时能够有效过滤 PM$_{2.5}$，效率高达 95% 以上，如图 2.3 所示。此外，机组具有全热交换功能，内部采用变频风机，根据不同负荷变风量运行、分区域控制。同时可实时监控室内多个不同区域的温湿度和 $CO_2$、PM$_{2.5}$ 浓度等参数，并据此进行室内环境的本地和远程自动控制。

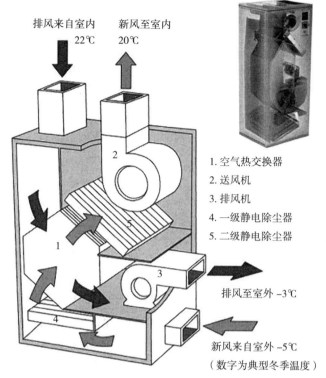

排风来自室内 22℃
新风至室内 20℃

1. 空气热交换器
2. 送风机
3. 排风机
4. 一级静电除尘器
5. 二级静电除尘器

排风至室外 -3℃

新风来自室外 -5℃
（数字为典型冬季温度）

图 2.3  五位一体新风机组

## 2.3  技术经济分析

以被动房 213 号楼 2 单元 403 室为分析对象，该户建筑面积为 $142m^2$，户型为三室两厅两卫，如图 2.4 所示。该室家庭常住人口为 2 名成人。家庭主要用能设备包括电视机 1 台、电冰箱 1 台、洗衣机 1 台、热水器 1 台、五位一体新风机 1 台、除湿机 1 台，燃气灶及油烟机等，设备功率参数如表 2.2 所示。

家用主要设备参数　　　　　　　　表 2.2

| 设备名称 | 价格 | 型号 | 能效等级 | 功率 |
|---|---|---|---|---|
| 电视机 | 2999 元 | 65V2-PRO | 2 级 | 150W |
| 电冰箱 | 2199 元 | BCD-258WTPZM（E） | 1 级 | 0.56kWh/24h |
| 洗衣机 | 1999 元 | EG10012B939GU1 | 1 级 | 200W |
| 电热水壶 | 116 元 | SWF17S05A | — | 1500W |
| 电饭煲 | 239 元 | CFXB50FD8041-86 | 3 级 | 860W |
| 抽油烟机 | 3999 元 | CXW-200-C390 | 1 级 | 202W |

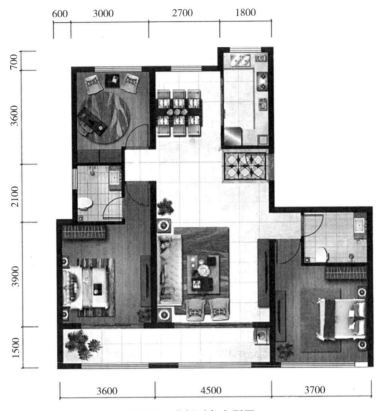

图 2.4　分析对象户型图

### 2.3.1　室内环境分析

本项目建立了建筑室内环境实时监测和运营管理系统，对 403 室进行了室内温湿度和 $CO_2$、$PM_{2.5}$ 浓度等关键参数的监测。

1）室内热湿环境

由于住户入住时间较晚，因此监测平台的室内环境数据还不满一年，监测时间为 2020 年 6 月 18 日 ~ 2021 年 3 月 18 日，根据新风机组实际运行情况和机组开启情况，界定供冷季为 2020 年 6 月 18 日 ~ 9 月 30 日，供暖季为 2020 年 11 月 1 日 ~ 3 月 18 日，其余时间为过渡季。

（1）供冷季

该室供冷季的室内参数如图 2.5 所示，室内温度平均值为 26.5℃，最大值和最小值分别为 30.5℃ 和 24.3℃；相对湿度平均值为 61.6%，最大值和最小值分别为 73.1% 和 48.9%。

供冷季监测期共 105d，分别有 19d 和 42d 能够达到《民用建筑供暖通风与空气调节设计规范》GB 50736—2012 标准中供冷工况的 Ⅰ 级（温度 24 ~ 26℃，湿度 40% ~ 60%）和 Ⅱ 级（温度 26 ~ 28℃，湿度 ≤ 70%）室内舒适度要求，

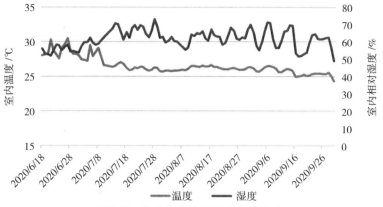

图 2.5　供冷季室内温湿度变化情况

分别占比 18.1% 和 40.0%。其余时间未达标的原因主要是室内温度过高或相对湿度超过限值，其中，湿度小于 70% 但温度高于 28℃ 的天数为 16d，占比 15.2%；温度在 24 ~ 26℃ 范围内，但湿度高于 60% 的天数为 21d，占比 20.0%；温度在 26 ~ 28℃ 范围内，但湿度高于 70% 的天数为 5 天，占比 4.8%。室内舒适度具体比例如图 2.6 所示。

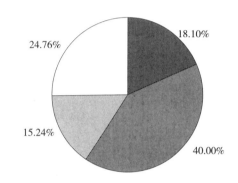

图 2.6　供冷季室内舒适度具体比例

由于建筑位于沿海城市，因此在夏季，只要住户开窗通风便会导致室内相对湿度升高。另外，由于统计的是供冷季全部时间的室内温湿度，因此包含了住户在家和外出的所有时间，室内温度和相对湿度过高的情况大多是由于家中无人而室内未打开五位一体新风机所致。

（2）供暖季

供暖季室内参数如图 2.7 所示，室内温度平均值为 20.6℃，最大值和最小值分别为 21.6℃ 和 18.3℃；相对湿度平均值为 44.1%，最大值和最小值分别为 58.4% 和 34.1%。

供暖季监测期共 138d，全部达到《民用建筑供暖通风与空气调节设计规范》GB 50736—2012 标准中供热工况的 Ⅱ 级（温度 18 ~ 22℃）室内舒适度要求，占比 100%。可见，该建筑冬季的室内热舒适情况良好。

2）室内 $CO_2$、$PM_{2.5}$ 浓度

根据监测平台的连续监测数据，室内 $CO_2$ 浓度的变化情况如图 2.8 所示，$CO_2$ 浓度平均值为 677.3ppm，最大值为 1332.8ppm，最小值为 402.6ppm，其中

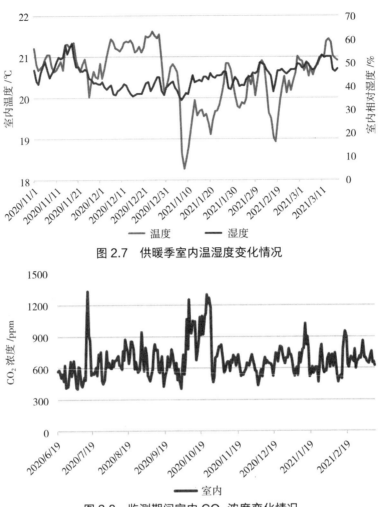

图 2.7 供暖季室内温湿度变化情况

图 2.8 监测期间室内 $CO_2$ 浓度变化情况

254d 低于《室内空气质量标准》GB/T 18883—2002 规定的 1000ppm 限值的要求，占比 94.1%。室内 $PM_{2.5}$ 浓度变化情况如图 2.9 所示，浓度平均值为 28.2μg/m³，最大值为 81.8μg/m³，最小值为 3.19μg/m³。根据《环境空气质量标准》GB 3095—2012 规定，208d 达到 24h 均值低于 35μg/m³ 的 Ⅰ 级浓度限值要求，占比 77%，266d 达到 75μg/m³ 的 Ⅱ 级浓度限值的要求，占比 98.5%。

综上所述，在监测期间内，室内 $CO_2$ 浓度和 $PM_{2.5}$ 浓度有极少数时间略高于限值要求。$CO_2$ 浓度高是通风换气不足所致，室内 $PM_{2.5}$ 浓度高主要受室外环境和建筑气密性共同影响。

### 2.3.2 运行能耗分析

根据实测数据，403 室住户 2020 年 9 月至 2021 年 2 月的逐月耗电量如图 2.10 所示。根据 11 月能耗推算 3 月能耗，根据过渡季 10 月能耗推算 4 月

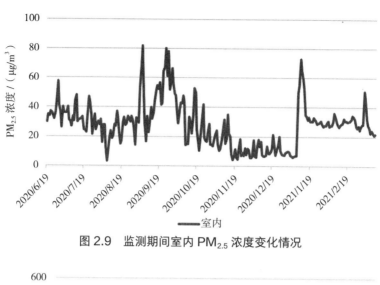

图 2.9　监测期间室内 PM$_{2.5}$ 浓度变化情况

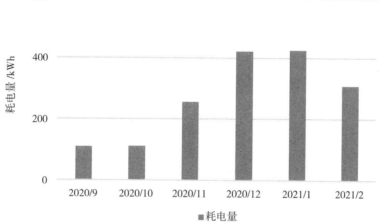

图 2.10　住户 2020 年 9 月～ 2021 年 2 月耗电量实测值

和 5 月的能耗，根据 9 月能耗推算 6 月、7 月和 8 月能耗，最终得到全年总能耗为 2696.17kWh/（a·H），单位面积建筑能耗约为 19.0kWh/m$^2$。根据《民用建筑能耗标准》GB/T 51161—2016，寒冷地区居住建筑非供暖能耗指标的约束值为 2700kWh/（a·H），该室住户的综合电耗小于约束值，达到了较好的节能效果。

可以看出，该室住户的耗电量在 11 月至次年 2 月较多，相较于过渡季明显增多的耗电量部分为五位一体新风机的供暖能耗。同时，对于寒冷地区的城镇住宅住户来说，往往更关注自己的舒适体验，而不重视行为节能，因此，冬季出现热风的温度设置较高，甚至出现开窗通风的现象，进一步导致能耗升高。

根据国家发改委发布的《2011 年和 2012 年中国区域电网平均 CO$_2$ 排放因子》，华北区域电网的平均 CO$_2$ 排放因子为 0.8843kg CO$_2$/MWh，本项目 403

室全年用电量为 2696.17kWh，经换算，共产生 2.38t $CO_2$，单位面积碳排放为 16.79kg $CO_2/m^2$。

### 2.3.3 经济性分析

相对于较低的能耗水平，被动式城镇住宅必然带来更高的成本，本项目所采用的新技术和材料带来的增量成本比三步节能住宅多 1366.63 元 $/m^2$，如表 2.3 所示。

材料成本增量对比 表 2.3

| 案例 | 建筑面积单价 / (元 $/m^2$) | | 单位面积增量成本 / (元 $/m^2$) |
|---|---|---|---|
| | 本项目 | 65% 节能住宅 | |
| 屋面保温 | 25 | 17 | 8 |
| 外墙保温 | 275 | 68 | 207 |
| 内墙保温 | 54 | — | 54 |
| 楼面保温隔声 | 43 | — | 43 |
| 地下室地面 | 19 | — | 19 |
| 单元门 | 16 | 3 | 13 |
| 户门 | 79 | 18 | 61 |
| 外窗 | 321 | 82 | 239 |
| 遮阳系统 | 239 | — | 239 |
| 五位一体新风机 | 667 | — | 667 |
| 采暖设施 | — | 55.39 | −55.39 |
| 采暖管线 | — | 16.98 | −16.98 |
| 采暖市政配套 | — | 111 | −111 |
| 合计 | 1738 | 371.37 | 1366.63 |

## 2.4 总结

综上所述，首堂·创业家被动式超低能耗建筑所选 403 室住户 2020 年 9 月～2021 年 8 月的用电量为 2696.17kWh，满足《民用建筑能耗标准》GB/T 51161—2016 对寒冷地区居住建筑非供暖综合电耗指标约束值 2700kWh/（a·H）的要求。通过分析其运行策略及测试结果，可以得到以下启示：

（1）403 室住户供暖季的 11 月至次年 2 月的耗电量明显较高，而夏末和过渡季的能耗较少，这主要受住户的生活习惯和追求较好的供暖季室内热舒适影响。

（2）从实测结果可以看出，该室夏季存在室内温度过高或相对湿度过高的情况，是由于建筑处于沿海城市，夏季的室外相对湿度会明显过高，另外实测结果包含了住户外出关闭新风机以及开窗通风的情况。住户冬季的室内温湿度均满足标准要求，但由于追求较高的室内温度导致耗电量较多。另外，室内颗粒污染物浓度的整体控制效果较好，说明该室的室内环境舒适、健康。

（3）该室采用五位一体新风系统独立供暖和供冷，因此室内热环境的控制均取决于住户的满意率，供冷和供热所消耗的电能同时取决于住户在家的时间，普通生活用电取决于住户的生活习惯，因此需要住户重点注意生活中的行为节能。

# 3 日照市山水龙庭

刘洋　杨志华

## 3.1　项目简介

山水龙庭新型建材住宅示范区位于山东省日照市山海二路以北，北京北路以西，距市区约 7km，总建筑面积 24.99 万 m²，总户数 898 户。其中 22 号楼至 30 号楼为被动式超低能耗建筑示范区。项目的 26 号楼高 60.3m，其中地上 18 层，地下 2 层（为车库），总建筑面积 11756.85m²，地上建筑面积为 10727.37m²，地下建筑面积为 1029.48m²，建筑外观如图 3.1 所示。

图 3.1　日照市山水龙庭被动房 26 号楼外形图

# 3.2 低碳节能技术

## 3.2.1 被动式节能技术

1）外围护结构保温隔热技术

本项目根据建筑结构数据和真实的气象数据，应用 BEED 5.0 建筑热工节能设计计算软件，对建筑物全年或某连续时段的耗冷量和耗热量进行计算，从而选择合适的外围护结构构造措施。根据计算结果，本项目外墙保温材料采用 200mm 厚 B1 级石墨聚苯板；屋面保温材料采用 250mm 厚 B1 级石墨聚苯板；地下室顶板采用 100mm 厚挤塑聚苯板加 100mm 厚改性酚醛板；楼板采用 5mm 厚隔声垫及 60mm 厚挤塑聚苯板；分户墙两侧均采用 30mm 厚改性酚醛板，楼梯电梯隔墙部分采用 80mm 厚改性酚醛板；外墙每层楼板位置设置 300mm 宽岩棉防火隔离带；标高 ±0.000 以下室外外墙保温选用 200mm 厚泡沫玻璃保温层。围护结构技术参数如表 3.1 所示。

围护结构主要技术参数　　　表 3.1

| 部位 | 传热系数 /[W/（m²·K）] |
|---|---|
| 外墙 | 0.15 |
| 屋面 | 0.12 |
| 分隔采暖与非采暖空间楼板 | 0.12 |
| 外窗 | ≤ 0.8，$SHGC = 0.46$ |

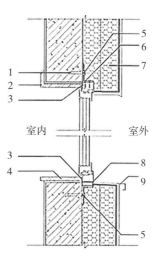

2）门窗保温隔热技术

本项目外窗采用三玻两腔 5Low-E+16A+5Low-E+16A+5 中空氩气玻璃，传热系数不大于 0.8W/（m²·K），太阳得热系数 $SHGC = 0.46$。入户门选用被动房专用保温门，传热系数不大于 0.8W/（m²·K）。外窗的安装方法如图 3.2 所示。

3）高气密性技术

建筑围护结构是减少建筑热损失的重要部位，提高气密性是被动房节能的主要措施之一。本项目的门窗气密性均达到 6 级，围护结构气密性的主要做法有：

1. 12×100 内胀栓
2. 木制窗套
3. 防水密封带
4. 20 厚木制窗台板
5. 框与外墙交接处防水密封带封堵后粘贴保温板
6. 热镀锌角钢
7. 200 厚 HS-EPS 模块
8. 密封胶密封
9. 成品铝板窗台板

**图 3.2　外窗节点安装示意图**

（1）连续气密层包裹全部采暖空间；

（2）管线外穿墙体气密性保障。穿外墙和底板的各种管线、屋面的排风烟道和排水立管，要在做好保温的同时做好气密性的封堵，如图3.3和图3.4所示。

（3）户内电线管、电线盒安装在混凝土墙里，电线管内采用专用密封胶封堵；如遇到电线管、电线盒在砌块墙体上时，电线盒背面与洞口用石膏严密封堵。

（4）门框、窗框与墙体交接处安装时采用预压膨胀密封带，且外窗室内一侧使用防水隔气膜，室外一侧使用防水透气膜，同时也采用专用密封胶封堵。

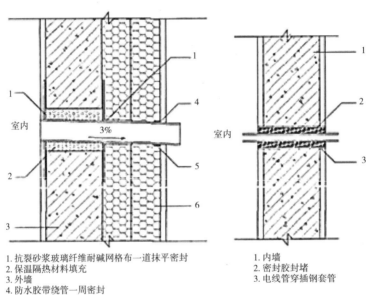

1. 抗裂砂浆玻璃纤维耐碱网格布一道抹平密封
2. 保温隔热材料填充
3. 外墙
4. 防水胶带绕管一周密封
5. 套管
6. 200 厚 HS-EPS 模块

1. 内墙
2. 密封胶封堵
3. 电线管穿插钢套管

图 3.3　外墙预留管线、入户穿墙节点示意图

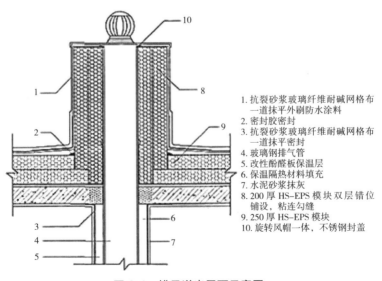

1. 抗裂砂浆玻璃纤维耐碱网格布一道抹平外刷防水涂料
2. 密封胶密封
3. 抗裂砂浆玻璃纤维耐碱网格布一道抹平密封
4. 玻璃钢排气管
5. 改性酚醛板保温层
6. 保温隔热材料填充
7. 水泥砂浆抹灰
8. 200 厚 HS-EPS 模块双层错位铺设，粘连勾缝
9. 250 厚 HS-EPS 模块
10. 旋转风帽一体，不锈钢封盖

图 3.4　排风道出屋面示意图

4）降低热桥技术

被动房防热桥措施主要针对女儿墙、地下室顶板、管线外穿墙等一些局部容易散热的部位，热量集中从这些部位快速散失，形成较多的热桥，从而增加建筑物的采暖（制冷）负荷及能耗。该建筑在易产生热桥的位置（如空调支架、雨水管、太阳能集热器支架）采用了特制的隔热构件，减少建筑内部热量的散失，杜绝由于热桥产生的结露问题。女儿墙内外两侧均采用保温板包裹，顶部采用盖板防护保温系统；空调支架等固定件与墙体之间采用硬质塑料保温板，将面热桥缩减为点热桥；排水立管及横管均采用 30mm 厚保温隔声毡，钢制管卡与管道之间采用 5mm 厚隔声垫，如图 3.5 和图 3.6 所示。

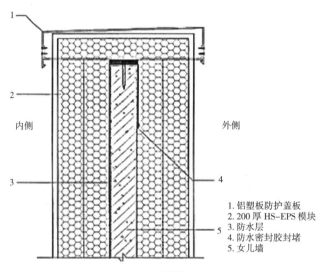

内侧　　　　　　　　　　外侧

1. 铝塑板防护盖板
2. 200 厚 HS-EPS 模块
3. 防水层
4. 防水密封胶封堵
5. 女儿墙

图 3.5　女儿墙节点示意图

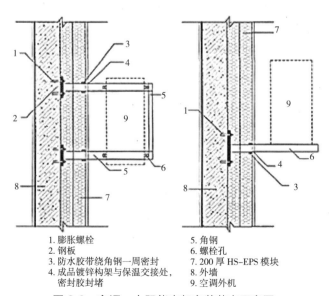

1. 膨胀螺栓
2. 钢板
3. 防水胶带绕角钢一周密封
4. 成品镀锌构架与保温交接处，密封胶封堵

5. 角钢
6. 螺栓孔
7. 200 厚 HS-EPS 模块
8. 外墙
9. 空调外机

图 3.6　空调、太阳能支架安装节点示意图

### 3.2.2　主动式节能技术

1）多功能新风一体机组

本项目采用五位一体新风机组作为主要冷热源，如图 3.7 所示。机组为分体式结构，分为室内机和室外机，机组与室内风管和出风口连接后成为一个室内空气处理系统，集新风、净化、制冷、制热、除湿功能于一体，为用户提供洁净、舒适的室内居住环境，为建筑提供新风和空调负荷。机组新风模式下可以实现 75% 的热回收率。夏季制冷工况下机组的制冷量为 3500W，制冷功率为 1230W；冬季制热工况下机组制热量为 3800W，制热功率为 1150W。机组的 $PM_{2.5}$ 过滤效率大于 90%，可以有效过滤室外新风和室内空气中的有害物质，同时除湿量可以达到 1.3kg/h。

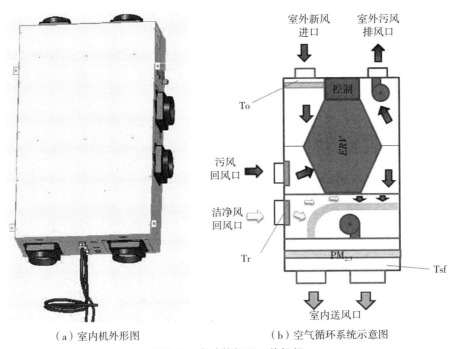

（a）室内机外形图　　　　　　（b）空气循环系统示意图

图 3.7　多功能新风一体机组

2）可再生能源利用技术

本项目采用光热转换技术，在南向外窗下方的墙面处安装太阳能集热器，各住户使用分体式太阳能热水器，如图 3.8 所示。太阳能集热器吸收太阳辐射并转化为热能，为厨房及卫生间提供生活热水。

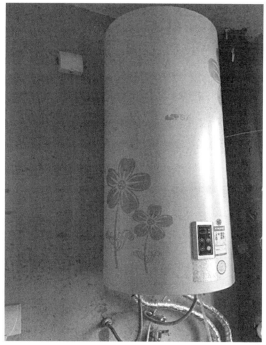

图 3.8  太阳能集热器（左）和太阳能热水器（右）

## 3.3  技术经济分析

以 26 号楼 1 单元 11 层东室为分析对象，该室常住人口 4 人，建筑面积为 149m²，户型为三室两厅两卫，如图 3.9 所示。由于未通天然气，家庭能耗均为电力消耗，主要用能设备包括多功能新风机组 1 台、电视机 1 台、电冰箱 1 台、洗衣机 1 台、分体式太阳能热水器（辅助电加热）、电热水壶、电风扇、电磁炉、电饭煲、油烟机等，主要设备性能参数如表 3.2 所示。

家用主要设备参数                                                          表 3.2

| 设备名称 | 价格 | 型号 | 能效等级 | 功率 |
|---|---|---|---|---|
| 新风热泵多功能机组 | 18000 元 | CHM–AC60HB00AA | — | 制冷：1150W；制热 1200W |
| 电冰箱 | 3799 元 | BCD–468WTPM（E） | 2 级 | 0.95kWh/24h |
| 洗衣机 | 2899 元 | G1012HB76S | 1 级 | 0.69kWh（标准洗衣程序） |
| 分体太阳能热水器（辅助电加热部分） | 2500 元 | PJF2–100/1.87/0.7 | 1 级 | 1500W |
| 电视 | 2999 元 | HZ55E3D–PRO | 3 级 | 110W |

| 设备名称 | 价格 | 型号 | 能效等级 | 功率 |
|---|---|---|---|---|
| 电热水壶 | 116 元 | SWF17S05A | — | 1500W |
| 电风扇 | 177 元 | FD-40X64Bh5 | 1 级 | 60W |
| 电磁炉 | 279 元 | C21-WT2118 | 3 级 | 2100W |
| 电饭煲 | 279 元 | MB-WFS4037 | 3 级 | 770W |
| 抽油烟机 | 1199 元 | CXW-280-J25 | 1 级 | 283W |

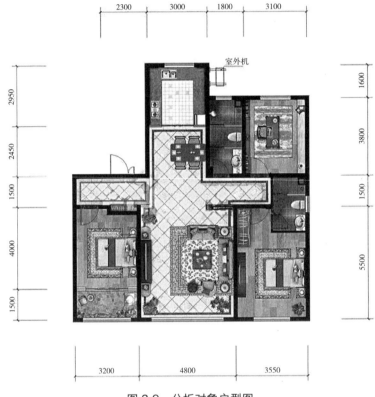

图 3.9　分析对象户型图

### 3.3.1　室内环境分析

本项目建立了建筑室内环境实时监测和运营管理系统，对该室住户的室内温湿度、$CO_2$、$PM_{2.5}$ 浓度等关键参数进行监测。

1）室内热湿环境

由于该项目竣工较晚，因此记录的数据还不满一年，监测时间具体为 2020 年 5 月 6 日 ～ 2021 年 3 月 16 日。根据新风机组的实际运行情况和机组开启情况，界定供冷季为 2020 年 6 月 1 日 ～ 9 月 30 日，供暖季为 2020 年 11 月 1 日 ～ 2021 年 3 月 16 日，其余时间为过渡季。

（1）供冷季

该室 2020 年供冷季的室内参数如图 3.10 所示，室内温度平均值为 23.0℃，最大值和最小值分别为 25.1℃和 21.6℃；相对湿度平均值为 64.2%，最大值和最小值分别为 81.9% 和 46.8%。

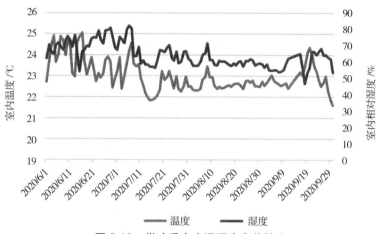

图 3.10　供冷季室内温湿度变化情况

供冷季监测期共 122d，室内温度均小于 26℃，其中 6d 时间达到《民用建筑供暖通风与空气调节设计规范》GB 50736—2012 标准中供冷工况的 I 级（温度 24 ~ 26℃，湿度 40% ~ 60%）室内舒适度要求，其他时间均未达标，未达标的原因主要是室内温度过低或室内相对湿度过高，其中 103d 室内温度小于 24℃，80d 室内相对湿度大于 60%。室内舒适度具体比例如图 3.11 所示。

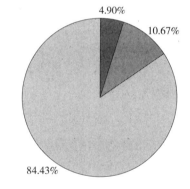

图 3.11　供冷季室内舒适度具体比例

可见，该住户夏季室内温度较低，还存在节能空间。由于住户可以根据自己的舒适度独立调节新风一体机组，因此可以推断出，该住户夏季的舒适温度低于《民用建筑供暖通风与空气调节设计规范》GB 50736—2012 标准的要求。

另外，日照市为沿海城市，在夏季该城市的室内外相对湿度均会升高，在开窗通风、关闭新风机组等情况下均会导致室内相对湿度过高，超过标准限值。

（2）供暖季

2020 ~ 2021 年供暖季的室内参数如图 3.12 所示，室内温度平均值为 20.0℃，最大值和最小值分别为 23.0℃和 18.4℃；相对湿度平均值为 56.8%，最大值和

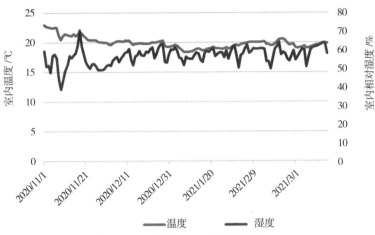

图 3.12　供暖季室内温湿度日均值

最小值分别为 70.6% 和 38.6%。

　　供暖季监测期共 136d，其中 129d 达到《民用建筑供暖通风与空气调节设计规范》GB 50736—2012 标准中供热工况的 II 级（温度 18 ~ 22℃）室内舒适度要求，占比 94.9%，其余 7d 达到标准中供热工况的 I 级（温度 22 ~ 24℃，湿度 ≥ 30%）室内舒适度要求。可见，该建筑冬季的室内热舒适情况稳定且良好。室内舒适度具体比例如图 3.13 所示。

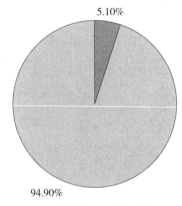

■ I 级热舒适　■ 级热舒适

图 3.13　供暖季室内舒适度具体比例

　　2）室内 $CO_2$、$PM_{2.5}$ 浓度

　　监测期间室内 $CO_2$ 浓度变化情况如图 3.14 所示，95.5% 的时间浓度低于《室内空气质量标准》GB/T 18883—2002 规定的 1000ppm 的限值。室内 $PM_{2.5}$ 浓度

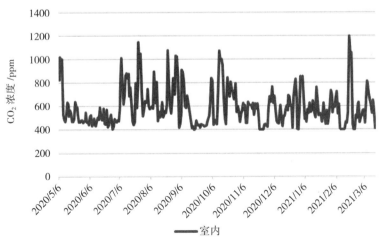

图 3.14　监测期间室内 $CO_2$ 浓度变化情况

变化情况如图 3.15 所示，69.5% 的时间达到《环境空气质量标准》GB 3095—2012 规定的 24h 均值低于 35μg/m³ 的 Ⅰ 级浓度限值要求，99.0% 的时间达到 24h 均值低于 75μg/m³ 的 Ⅱ 级浓度限值要求。

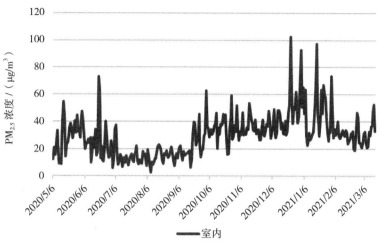

图 3.15　监测期间室内 PM$_{2.5}$ 浓度变化情况

　　由上述分析可知，室内 $CO_2$ 浓度和 PM$_{2.5}$ 浓度在监测期内的大部分时间均处于合理范围。由此推断，五位一体新风机组能够在为住户提供舒适的室内居住环境的同时，有效净化室内空气。

### 3.3.2　运行能耗分析

　　根据《民用建筑能耗标准》GB/T 51161—2016 第 4.3 节的规定，当住户实际居住人数多于 3 口时，能耗指标实测值可按式 3.1 进行修正：

$$E_{rc}=E_r\times3/N \tag{3.1}$$

式中：$E_{rc}$——每户的能耗指标实测值的修正值 [kWh/（a·H）或 m³/（a·H）]；

　　　　$E_r$——每户的能耗指标实测值 [kWh/（a·H）或 m³/（a·H）]；

　　　　N——每户的实际居住人数。

　　本户常住人员 4 人，该室住户 2020 年 1 月至 12 月的非供暖能耗指标实测值为 2327.85kWh/（a·H），非供暖能耗指标实测值的修正值为 1745.9 kWh/（a·H），远低于《民用建筑能耗标准》GB/T 51161—2016 对寒冷地区居住建筑非供暖能耗指标约束值 2700kWh/（a·H）。

　　根据国家发改委发布的《2011 年和 2012 年中国区域电网平均 $CO_2$ 排放因子》，华北区域电网的平均 $CO_2$ 排放因子为 0.8843kg $CO_2$/MWh，本项目全年用电量为 2327.85kWh，经换算产生 2.06t $CO_2$，单位面积碳排放为 13.82kg $CO_2$/m²。

值得注意的是，该建筑与河北唐山曹妃甸新城的首堂·创业家均为被动房，且均位于沿海城市，但本项目住户的全年能耗小于曹妃甸创业家住户的能耗。造成这一现象的原因包括三方面：一是该住户采用了光热转换技术，利用分体式太阳能热水器将太阳能转化为热能，为卫生间及厨房提供生活热水，减少了热水器的电力消耗；二是该项目的纬度更低，供暖期明显较河北省短，室内的供暖时间短；三是选取的住户在生活习惯上具有明显差异，比如该室住户更加重视行为节能，人员对冬、夏季的舒适性要求更接近标准中对温湿度的要求。因此，该住户的全年能耗低于河北曹妃甸创业家住户。

据相关资料，被动房建筑的投资成本比三步节能住宅多 842 元/m²，如表 3.3 所示。日照市冬季每月采暖费约 6 元/m²，采暖期为 4 个月，则该住户整个冬季采暖费约 3576 元。项目多功能新风一体机运行费用每年约 430 元，采暖期 4 个月的运行费用约 143.33 元，则该被动房的运行成本节约 23.04 元/m²。

被动式房屋与三步节能住宅建筑成本投资造价比较　　　　表 3.3

| 案例 | 被动式房屋造价/（元/m²） | 节能65%房屋造价/（元/m²） |
| --- | --- | --- |
| 土方 | 62 | 62 |
| 土建 | 1010 | 1010 |
| 装饰 | 256 | 256 |
| 保温 | 400 | 108 |
| 外窗、门 | 430 | 240 |
| 水电暖 | 280 | 280 |
| 电梯 | 70 | 70 |
| 热回收系统 | 350 | 0 |
| 热桥处理做法 | 10 | 0 |
| 合计 | 2868 | 2026 |

## 3.4　总结

综上所述，山东日照市山水龙庭 26 号楼 1 单元 11 层东室 2020 年全年用电量为 2327.85kWh，单位面积耗电量为 15.6kWh/m²。通过分析其运行策略及测试结果，可以得到以下启示：

（1）住户 2020 年非供暖能耗指标实测值的修正值为 1745.9kWh/（a·H），

满足《民用建筑能耗标准》GB/T 51161—2016 对寒冷地区居住建筑非供暖能耗指标约束值 2700kWh/（a·H）的要求。通过与同样处于沿海城市的曹妃甸创业家被动房对比可知，太阳能热水系统的使用可以有效降低全年电力消耗；另外该建筑的纬度更低，供暖期明显更短，同样也降低了能耗；最后，该住户明显更重视行为节能。

（2）从实测结果可以看出，该室供冷季存在室内温度过低或相对湿度过高的情况，是由于沿海城市夏季的室外相对湿度过高，而实测结果包含了住户外出关闭新风机及开窗通风的情况。住户冬季的室内温湿度均满足标准要求，整体稳定舒适。另外，室内颗粒污染物浓度的整体控制效果较好。

（3）太阳能热水系统的使用可以有效降低电力消耗，非常适合在住宅建筑中使用，为华北地区的城镇住宅建设提供了参考。

# 4　扬州市蓝湾国际

李晓金　陈贵礼

## 4.1　项目简介

扬州市蓝湾国际位于江苏省扬州市邗江区兴城西路与真州中路交叉口西南角，西侧为站南路，南侧为栖祥路。项目包括 A 和 B 两个地块，7 号楼建筑高度 24.51m，共 8 层，总户数为 32 户，地上建筑面积为 4104.14m²，外形如图 4.1 所示。室外建筑绿地率为 35.3%，获得三星级绿色建筑运行标识和三星级健康建筑运行标识，证书如图 4.2 所示。

图 4.1　项目 7 号楼外形图

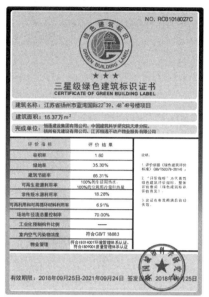

图 4.2　项目 7 号楼标识证书

# 4.2　低碳节能技术

## 4.2.1　被动式节能技术

1）围护结构节能技术

（1）高性能围护结构。该建筑外墙采用 40mm 厚的聚氨酯保温材料，屋面采用 55mm 厚的聚氨酯保温材料。聚氨酯保温材料导热系数相对较低，具有优良的保温性能。外窗采用 PHI 认证的铝包木中空三玻窗，中间添加惰性气体。窗户为外挂式安装，可最大限度地减少热桥。建筑围护结构各部分的传热系数均优于《江苏省居住建筑热环境和节能设计标准》DGJ 32/J 71—2008 中的要求，如表 4.1 所示。

围护结构做法及参数　　　　　　　　　　　表 4.1

| 部位 | 做法 | 传热系数 /[W/（m²·K）] | 规范限值 /[W/（m²·K）] |
|---|---|---|---|
| 外墙 | 水泥砂浆 20mm ＋聚氨酯（外墙外保温）40mm ＋加气混凝土砌块（B06 级）200mm ＋水泥砂浆 20mm | 0.43 | 1 |
| 屋顶 | 细石混凝土（双向配筋）40mm ＋水泥砂浆 20mm ＋聚氨酯（屋面保温）55mm ＋水泥砂浆 20mm ＋炉渣混凝土（ρ=1300）20mm ＋钢筋混凝土 120mm | 0.49 | 0.5 |

续表

| 部位 | 做法 | 传热系数 /[W/(m²·K)] | 规范限值 /[W/(m²·K)] |
|---|---|---|---|
| 外窗 | （东、西）5 透明玻璃 +6 氩气 +5 透明玻璃 – 隔热铝合金窗框 | 2.8 | 3.0 |
| | （南）5+6A+5+6A+5- 隔热铝合金窗框 | 2.4 | 2.5 |
| | （北）6 高透光 Low-E+12 氩气 +6 透明 – 隔热金属窗框 | 2.4 | 2.8 |

（2）节能构造设计。对建筑的突出构件采用保温材料全面包裹处理，从而阻断热桥；预埋金属管件与主体结构之间通过填充隔热垫层断绝热桥；每层楼板间采用玻璃棉进行封堵处理；对建筑阴阳角、穿墙预埋件等部位采用保温材料封闭处理，保证建筑气密性。除此之外，窗户内外侧均采用防水胶和密封皮条进行密封处理，如图 4.3 所示。

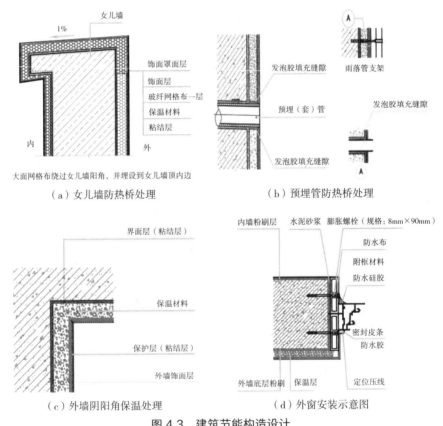

（a）女儿墙防热桥处理　　　　　　（b）预埋管防热桥处理

（c）外墙阴阳角保温处理　　　　　　（d）外窗安装示意图

图 4.3　建筑节能构造设计

（3）建筑外遮阳设计。该建筑采取可调节外遮阳措施，降低夏季太阳辐射得热，是建筑节能的重要部分。南北向外窗采用平板遮阳、铝合金活动外遮阳等设施，可起到良好的遮阳效果，如图 4.4 所示。经计算，该建筑夏季平均遮

图 4.4  可调节外遮阳

阳系数为 0.429，冬季平均遮阳系数为 0.632，满足《绿色建筑评价标准》GB/T 50378—2014 中对可调控遮阳的要求。

2）自然通风技术

本项目在南北向均设置有效通风口，房间有效通风口面积与地板面积比均大于 8%。经过 CFD 软件模拟，结果如图 4.5 和图 4.6 所示，当室外风速为 2.0m/s，室内自然通风情况下人员活动区的 PMV（预计平均热感觉指标）平均值为 –0.15

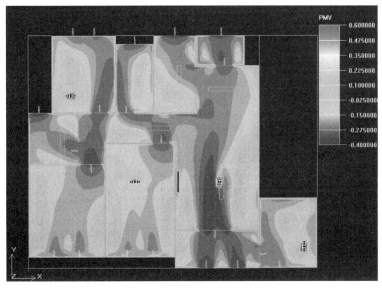

图 4.5  1.5m 高度处 PMV 分布云图

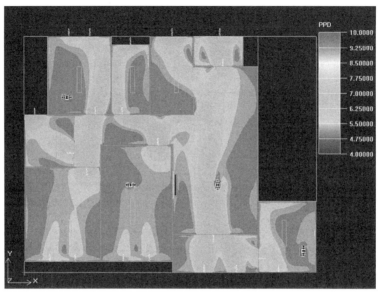

图 4.6　1.5m 高度处 PPD 分布云图

左右，PPD（预计不满意者的百分数）平均值为 6% 左右，室内人员较舒适；窗户附近区域 PMV 在 –0.2 以下，PPD 约为 5%。可见，室内热环境的人员整体满意度较高。

3）天然采光技术

建筑布局总体上呈南北方向，最小建筑间距为 26.17m，有利于获得足够的日照小时数。卧室、起居室（厅）、厨房和卫生间均有直接采光，便于太阳光更好地进入室内；卧室、客厅、厨房的窗地面积比较大，靠近窗口位置的采光效果较好；建筑无玻璃幕墙，东、西、南向均设置活动外遮阳，可有效避免室外自然光强烈时对室内的影响。通过绿色建筑天然采光模拟分析软件 PKPM-Daylight 对每户的室内空间进行建模和采光计算，如图 4.7 所示，每户有 2 个居

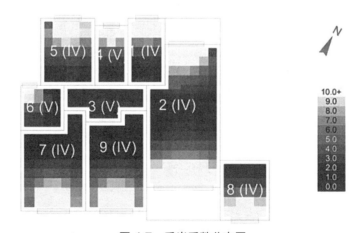

图 4.7　采光系数分布图

住空间可满足现行国家标准《建筑采光设计标准》GB 50033—2013 的采光系数要求，侧面采光均匀度最低为 0.42。

### 4.2.2　主动式低碳节能技术

1）高效空调系统

建筑夏季采用风机盘管空调系统，冷冻水由地源热泵机房提供，供回水温度为 7/12℃。盘管回水管上设有电动二通阀，温控器可以控制阀门开关，住户可根据需要自行调节室内温度。室内风机盘管风口如图 4.8 所示。

图 4.8　风机盘管风口

冬季采用地板辐射供暖系统，热水由地源热泵机房提供，供回水温度为 40℃ /35℃。室内采用 PE-RT（4 级）耐热聚乙烯管回折式布置，热熔连接。每户在卫生间设置分集水器，在各路水管上设有调节阀，住户可根据需要手动控制调节阀，从而调节室内温度。

2）空气净化系统

本项目采用新风热回收系统，热回收率不低于 65.21%。新风全热交换器设置在厨房，新风由静压箱通过 PVC 管分别送至各房间和客厅的盘管回风箱，室内污染空气由客厅或厨房的排风口收集至全热交换器，并排出室外。另外，新风支管上设有塑料蝶阀，可以保证房间所需最小新风量。各住户采用独立的空气净化加湿一体机，可有效保证室内空气品质，如图 4.9 所示。

3）生活热水系统

本项目各住户的生活热水均由地源热泵机房提供，淋浴器采用恒温淋浴花洒，3 路出水，根据设定温度自动调节冷热水混合比例，使出水温度迅速达到设定温度并稳定下来，保证 38℃恒温，可有效防烫伤、防冷激（图 4.10）。

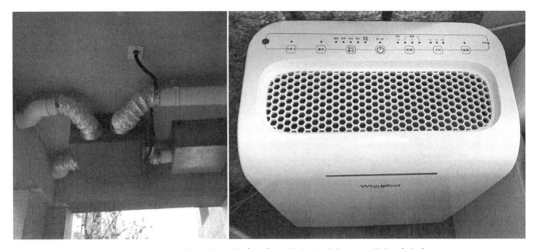

图 4.9　新风热回收系统（左）和空气净化加湿一体机（右）

4）智能监测系统

每个卧室和客厅内均安装空气品质监测装置，该模块可测量室内环境的温度、湿度以及 $CO_2$、$PM_{2.5}$ 浓度等参数，并可将监测数据传送至服务器，用户可通过手机 APP、网页等方式远程实时查看监测参数，同时可以控制空气净化器、新风系统、空调等设备，实现无线远程智能联动，如图 4.11 所示。

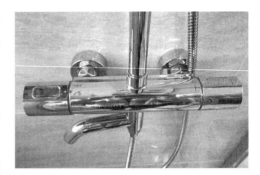

图 4.10　恒温混水阀

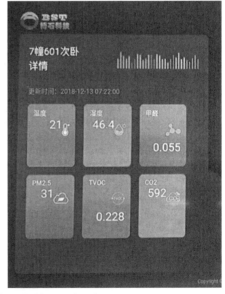

图 4.11　空气品质监测装置（左）与控制界面（右）

# 4.3　技术经济分析

以7号楼601室为分析对象，该室常住人口为2名成人，建筑面积为132.44m²，户型为四室两厅两卫，如图4.12所示。家庭主要用能设备包括电视机1台、电冰箱1台、洗衣机1台，燃气灶及油烟机等，设备功率如表4.2所示。

图4.12　分析对象户型图

家用主要设备参数　　　　　　　　　　　　　表4.2

| 设备名称 | 价格 | 型号 | 能效等级 | 功率 |
|---|---|---|---|---|
| 空气净化器 | 1499元 | WA-2801FZ | 合格级 | 68W |
| 电视机 | 2999元 | 65V2-PR0 | 2级 | 150W |
| 电冰箱 | 2199元 | BCD-258WTPZM（E） | 1级 | 0.56kWh/24h |
| 洗衣机 | 1999元 | EG10012B939GU1 | 1级 | 200W |
| 电热水壶 | 116元 | SWF17S05A | － | 1500W |
| 电饭煲 | 239元 | CFXB50FD8041-86 | 3级 | 860W |
| 抽油烟机 | 3999元 | CXW-200-C390 | 1级 | 202W |

### 4.3.1　室内环境分析

对该室进行了室内温湿度、$CO_2$、$PM_{2.5}$ 等关键参数的监测。

1）室内热湿环境

监测时间为 2020 年 5 月 6 日 ~ 2021 年 3 月 31 日，根据空调系统实际运行情况和机组开启情况，界定供冷季为 2020 年 6 月 1 日 ~ 9 月 30 日，供暖季为 2020 年 11 月 1 日 ~ 2021 年 3 月 16 日，其余时间为过渡季。

（1）供冷季

2020 年供冷季的室内参数如图 4.13 所示，室内温度平均值为 25.1℃，最大值和最小值分别为 26.7℃ 和 23.7℃；相对湿度平均值为 66.7%，最大值和最小值分别为 91.3% 和 53.9%。

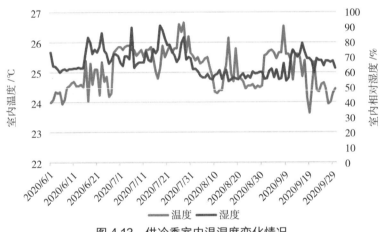

图 4.13　供冷季室内温湿度变化情况

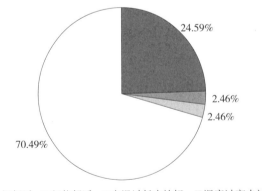

图 4.14　供冷季室内舒适度具体比例

供冷季监测期共 122d，有 30d 和 3d 分别达到《民用建筑供暖通风与空气调节设计规范》GB 50736—2012 标准中供冷工况的 I 级（温度 24 ~ 26℃，湿度 40% ~ 60%）和 II 级（温度 26 ~ 28℃，湿度 ≤ 70%）室内舒适度要求。未达标的原因主要是室内相对湿度过高。具体的室内热舒适占比如图 4.14 所示。

（2）供暖季

2020 ~ 2021 年供暖季的室内参数如图 4.15 所示，室内温度平均值为

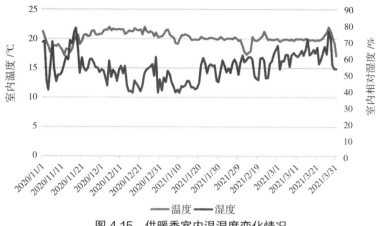

图 4.15　供暖季室内温湿度变化情况

20.2 ℃，最大值和最小值分别为 22.1 ℃ 和
17.1℃；相对湿度平均值为 54.5%，最大值和最
小值分别为 78.9% 和 38.8%。

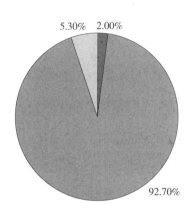

图 4.16　供暖季室内舒适度具体比例

供暖季监测期共 151d，分别有 140d 和 3d 达
到《民用建筑供暖通风与空气调节设计规范》
GB 50736—2012 标准中供热工况的 Ⅱ 级（温
度 18 ~ 22℃）和 Ⅰ 级（温度 22 ~ 24℃，湿
度 ≥ 30%）室内舒适度要求，分别占比 92.7%
和 2%。8d 未达标的原因是室内温度过低（低
于 18℃）。室内热舒适具体比例如图 4.16 所示，
可见，该建筑冬季的室内热舒适整体较好。

通过监测期间相对湿度平均值及最低值可以看出，室内相对湿度始终较
高，且受季节影响略大。主要是因为该建筑地处江苏省，其室外相对湿度全
年较高，以后可通过加强除湿提高室内舒适度。同时，居民习惯高湿度的气候，
也会导致室内相对湿度较高。值得注意的是，室内热环境符合舒适度标准并
不等同于人员满意率高，因此，增加人员满意度问卷调查来评价室内热环境
很有必要。

2）室内 $CO_2$、$PM_{2.5}$ 浓度

监测期间室内 $CO_2$ 浓度变化情况如图 4.17 所示，测试期共 315d，其中低
于《室内空气质量标准》GB/T 18883—2002 规定的 1000ppm 的限值的天数占
94.3%。室内 $PM_{2.5}$ 浓度变化情况如图 4.18 所示，65.1% 的时间达到《环境空气
质量标准》GB 3095—2012 规定的 24h 均值低于 35μg/m³ 的 Ⅰ 级浓度限值要求，
99.7% 的时间达到 24h 均值低于 75μg/m³ 的 Ⅱ 级浓度限值要求。

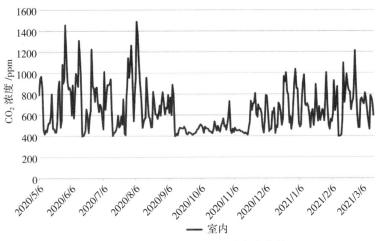

图 4.17 监测期间室内 $CO_2$ 浓度变化情况

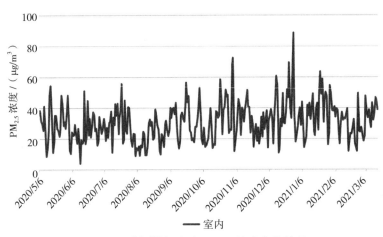

图 4.18 监测期间室内 $PM_{2.5}$ 浓度变化情况

由上述分析可知,室内 $CO_2$ 浓度在 6 月到 8 月中旬存在超标情况,是由于此阶段扬州炎热多雨,开窗通风少所致。室内 $PM_{2.5}$ 浓度仅有 0.3% 的时间浓度超标,说明空气净化加湿一体机能够对室内空气品质提供有效的保证。

### 4.3.2 运行能耗分析

根据《民用建筑能耗标准》GB/T 51161—2016 对居住建筑非供暖能耗指标的描述:夏热冬冷地区综合电耗指标约束值为 3100kWh/(a·H),燃气消耗约束值为 240m³/(a·H)。该室住户 2019 年全年综合电耗指标为 2827.78kWh/(a·H),燃气消耗指标为 68m³/(a·H),分别为约束值的 91.2% 和 28.3%,具有很好的节能效果。

根据国家发改委发布的《2011 年和 2012 年中国区域电网平均 $CO_2$ 排放因

子》，华东区域电网的平均 $CO_2$ 排放因子为 0.7035kg $CO_2$/kWh，本项目该室住户全年用电量为 2827.78kWh，经换算，全年的电力消耗产生 1.19t $CO_2$。

《建筑碳排放计算标准》GB/T 51366—2019 附录 A 中天然气的单位热值 $CO_2$ 排放因子为 55.54t $CO_2$/TJ，标准天然气热值按 9227kcal/m³ 取值，而 1kcal=4.186kJ，1TJ=$10^9$kJ，因此天然气的 $CO_2$ 排放因子为 0.021t $CO_2$/m³，住户全年燃气消耗 68m³，经换算，全年的燃气消耗产生 1.46t $CO_2$。

故该室住户全年共产生 3.45t $CO_2$，单位面积碳排放为 26.05kg $CO_2$/m²。

### 4.3.3  经济性分析

通过比较该建筑与普通住宅采用的技术措施和产品，安装外遮阳系统单位增量成本为 700 元 /m²，地源热泵系统较冷水机组单位增量成本为 150 元 /m²。按平均水平计算，地源热泵空调系统较常规家用分体空调可节约运行费用约 50%，每年节约 3000 元，空调系统投资回收期约为 6 年。

# 4.4  总结

综上所述，扬州市蓝湾国际 7 号楼 601 室 2019 年全年用电量为 2827.78kWh，燃气消耗 68 m³。通过分析其运行策略及测试结果，可以得到以下启示：

（1）住户 2019 年能耗满足《民用建筑能耗标准》GB/T 51161—2016 对夏热冬冷地区居住建筑非供暖能耗指标约束值，即综合电耗指标和燃气指标分别为 3100kWh 和 240 m³ 的要求。

（2）从实测结果可以看出，该住户供暖季能够满足室内人员的舒适性要求，但供冷季的室内相对湿度始终较大，是因为当地居民已经习惯了高湿度的气候，可以在相同的室内温度下接受更高的室内相对湿度。另外，室内颗粒污染物浓度的整体控制效果较好，可见空气净化系统的使用起到了十分显著的效果。

（3）本项目在提供了健康舒适的建筑室内环境的同时，有效降低了建筑能耗，为我国夏热冬冷地区住宅建筑的绿色低碳发展提供了重要参考。

# 5 厦门市万科金域华府

裴茂增 洪霄伟
垒知控股集团股份有限公司

## 5.1 项目简介

万科金域华府位于厦门市集美区宁海一里，于 2012 年获得绿色建筑一星级设计标识，于 2016 年获得绿色建筑一星级运行标识。金域华府共有 8 幢高层住宅楼及底商，总用地面积 26403.62m²，建筑面积 138703.00m²，地上建筑面积 113922.06m²，地下建筑面积 22336.34m²，容积率 4.32，绿地率 31.3%，总户数 1076 户。以 3 号楼内某住户为分析对象，3 号楼的外形如图 5.1 所示。

图 5.1 厦门市万科金域华府 3 号楼外形图

# 5.2　低碳节能技术

### 5.2.1　高效光源系统

分析对象室内的照明灯具原始配套为节能荧光灯，后期将部分荧光灯改为LED 灯，在不降低照明要求的前提下，降低照明能耗，如图 5.2 所示。

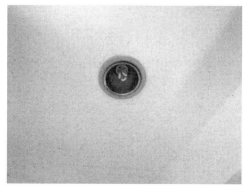

图 5.2　节能灯图

### 5.2.2　高效冷源系统

卧室采用分体空调供冷和供热，空调为二级能效，制冷量为 2600W，输入功率为 742W，能效值为 3.50。客厅使用分体冷风型落地式空调，制冷量为5200W，功率 1530W，能效值为 3.40。空调外形如图 5.3 所示。

图 5.3　客厅立式空调和卧室壁挂式空调

### 5.2.3　室内热湿环境控制

主要使用空调进行室内降温，工作日夜间和周末主要使用客厅立式空调，周末午休和夜间睡眠时间主要使用卧室分体空调，空调设置温度一般在

26 ~ 27℃。睡眠期间也会开启风扇增强室内空气对流，在低空调能耗下保证温度适宜，如图 5.4 所示。此外，室外温度未明显过高时，同样会使用风扇加强室内气流，以提高舒适度。

虽然冬季一般不使用采暖设备，但会在冬季最冷的几天（大概一周的时间），使用电热膜立式烤火炉取暖，如图 5.5 所示。烤火炉的功率为 2500W，加热方式为硅晶板加热，适用于 20 ~ 30m² 的房间。

图 5.4　室内使用风扇增强对流　　　图 5.5　电热膜立式烤火炉

### 5.2.4　室内环境监控系统

住户室内安装空气品质监测装置，该模块可实时测量室内的温度、湿度、$CO_2$、$PM_{2.5}$ 等参数，并将数据传送至服务器，如图 5.6 所示。日常可实时查看设备在线情况，确保数据持续传输。

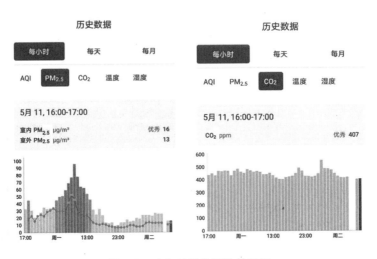

图 5.6　空气品质监测软件展示

# 5.3 技术经济分析

以 3 号楼 18 层房间某住户为分析对象，该户型为两室一厅一厨一卫，客厅朝北，建筑面积 81.50m²，户型如图 5.7 所示。本住户的主要家用电器为空调、洗衣机、电视、冰箱、油烟机、燃气热水器、取暖器。户内常住人员 4 人，包括 3 位青年，另有 1 位老人仅日间在家。工作日的白天 3 名常住人员在外上班，仅老人在家，周末根据活动情况而定，存在外出的情况。

图 5.7 分析对象户型图

## 5.3.1 室内环境分析

1）室内温湿度

对室内主卧与次卧两个房间的温湿度进行了为期 1 年（2019 年 9 月至 2020 年 9 月）的逐时监测，如图 5.8 与图 5.9 所示。可以发现，主卧的室内温度在 6 月至 7 月中旬明显低于次卧，相对湿度也明显较低；而 7 月中旬至 9 月

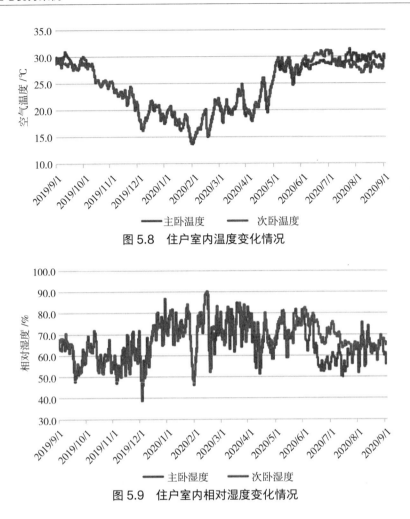

图5.8 住户室内温度变化情况

图5.9 住户室内相对湿度变化情况

则高于次卧，相对湿度也出现波动较大的情况；其余时间段两个房间的温湿度变化情况相差不大，波动幅度相近。

同时，主卧的空调能耗在6月至7月明显高于次卧，如图5.10所示，导致主卧的室内环境优于次卧；两个房间的8、9月空调能耗相近，但主卧的东晒导致室内温度高于次卧，且相对湿度起伏较大。因此，将6~9月作为夏热冬暖地区的供冷季，其余时间段为非供冷季。

（1）供冷季

由图5.11可知，供冷季两个房间温度分别在2.4%和20.3%的时间内处于舒适度范围。其中，主卧和次卧分别有2.4%和20.3%的时间达到《民用建筑供暖通风与空气调节设计规范》GB 50736—2012标准中Ⅱ级舒适度的要求。由此可知，供冷季该住户的室内舒适度受温度影响较大，即使两个房间均开启空调，但舒适度时间占比均较低，所以，在夏热冬暖地区的供冷季一味开启空调并不是调节室内舒适度的最佳方式。

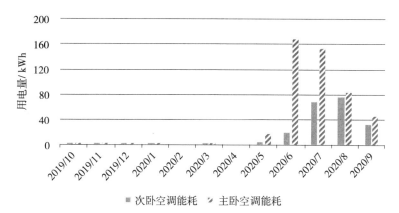

图 5.10　住户室内空调能耗对比图

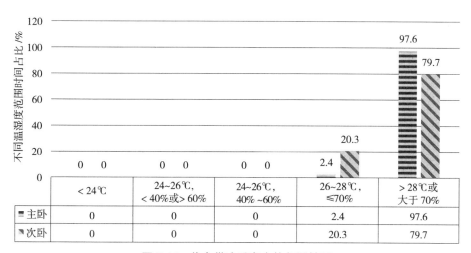

图 5.11　住户供冷季室内热舒适情况

（2）非供冷季

由图 5.12 可知，主卧和次卧分别有 39% 和 39.8% 的时间符合《民用建筑室内热湿环境评价标准》GB/T 50785—2012 标准对非人工冷热源环境下的温湿度舒适度的要求（温度 18 ~ 28℃，相对湿度 30% ~ 70%）。由此可知，非供冷季存在温度高、湿度高等复杂情况，证明了夏热冬暖地区不仅要考虑供冷季的降温除湿，也要考虑非供冷季的隔热除湿。

2）室内 $CO_2$、$PM_{2.5}$ 浓度

监测期间室内 $CO_2$ 浓度变化情况如图 5.13 所示，其中低于《室内空气质量标准》GB/T 18883—2002 规定的 1000ppm 限值要求的天数占 100%。室内 $PM_{2.5}$ 浓度变化情况如图 5.14 所示，60% 的时间满足《环境空气质量标准》GB 3095—2012 的 24h 均值小于 35μg/m³ 的Ⅰ级浓度限值，96.1% 的时间满足标准 24h 均值小于 75μg/m³ 的Ⅱ级浓度限值。

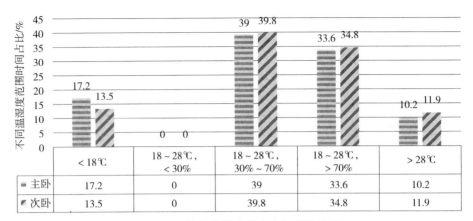

图 5.12　住户非供冷季室内热舒适情况

| 不同温湿度范围时间占比/% | < 18℃ | 18～28℃, < 30% | 18～28℃, 30%～70% | 18～28℃, > 70% | > 28℃ |
|---|---|---|---|---|---|
| 主卧 | 17.2 | 0 | 39 | 33.6 | 10.2 |
| 次卧 | 13.5 | 0 | 39.8 | 34.8 | 11.9 |

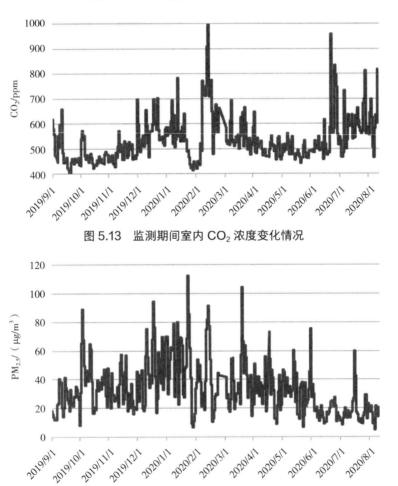

图 5.13　监测期间室内 $CO_2$ 浓度变化情况

图 5.14　监测期间室内 $PM_{2.5}$ 浓度变化情况

由以上分析可知，室内 $CO_2$ 浓度全年满足要求，$PM_{2.5}$ 浓度存在超标情况，超标时间主要在 1 月至 3 月，此阶段正值厦门室外温度较低，住户使用取暖器的同时室内门窗紧闭，导致室内 $PM_{2.5}$ 浓度超标。

### 5.3.2　运行能耗分析

该住户 2019 年 9 月至 2020 年 9 月的用电量为 2408kWh，单位面积耗电量为 29.55kWh/m²，逐月能耗如图 5.15 所示。空调用电引起的用电量增加主要集中在 7 ～ 9 月，较其余月份平均增加约 200kWh/ 月。

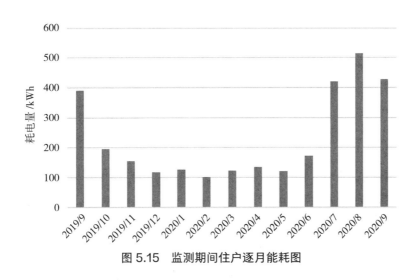

图 5.15　监测期间住户逐月能耗图

《民用建筑能耗标准》GB/T 51161—2016 对夏热冬暖地区居住建筑非供暖能耗指标约束值为 2800kWh，由于住户实际居住人数超过 3 人，综合电耗指标实测值需要进行修正，本户的能耗指标修正值为 1522kWh，远低于约束值。

根据国家发改委发布的《2011 年和 2012 年中国区域电网平均 $CO_2$ 排放因子》，华东区域电网的平均 $CO_2$ 排放因子为 0.7035kg $CO_2$/kWh，本项目该住户全年用电量为 2408kWh，经换算，住户非供暖能耗消耗产生 1.69t $CO_2$，单位面积碳排放为 20.79kg $CO_2$/m²。

## 5.4　总结

综上所述，厦门市万科金域华府 3 号楼 18 层某住户 2019 年 9 月至 2020 年 9 月全年总用电量 2408kWh，单位面积耗电量为 29.55kWh/m²。通过分析其运行策略及测试结果，可以得到以下启示：

（1）住户 2019 年 9 月至 2020 年 9 月的综合电耗指标修正值为 1522kWh，

满足《民用建筑能耗标准》GB/T 51161—2016 对夏热冬暖地区居住建筑综合电耗指标约束值 2800kWh 的要求。

（2）从实测结果可以看出，该住户非供冷季的室内热舒适情况优于供冷季，供冷季的室内舒适度受高温的影响较大。非供冷季存在高温高湿情况，证明夏热冬暖地区不仅要考虑供冷季的降温除湿，也要考虑到非供冷季的隔热除湿。另外，室内颗粒污染物浓度的整体控制效果较好，可见空气净化系统的使用起到了十分显著的效果。

（3）本项目采用高效的被动式与主动式低碳节能技术，为城镇住宅住户营造舒适、安全、卫生的室内环境的同时，有效降低了能耗。高效光源系统和室内环境监控系统的使用为我国夏热冬暖地区住宅建筑的绿色低碳发展提供了重要参考。

# 6 上饶市盛世名城

方玉蓉

## 6.1 项目简介

盛世名城位于江西省上饶市婺源县，建造于 2015 年。以 68 号楼内某住户为分析对象，68 号楼的外形如图 6.1 所示。

## 6.2 低碳节能技术

### 6.2.1 高效冷源系统

分析对象住户采用分体空调，如图 6.2 所示，主卧和次卧分别设有 1 台，均为全直流变频节能空调，能效等级为二级，其制冷量为 2600W，输入功率为 710W，能效值为 4.79。

该住户使用空气能热水器作为全屋的热水供应设备，如图 6.3 所示，空气能热水器的能效为二级，容量为 150L，可定时开启关闭且可保温一定时长，主要用于厨房和浴室生活热水的制备。

### 6.2.2 室内热湿环境控制系统

该住户空调季用于室内降温的主要设备是空调和风扇，人员白天主要活动区域为客厅和餐厅，均采用风扇降温；午休和夜间使用卧室分体空调，空调设置温度一般在 26 ～ 27℃；卧室

图 6.1 上饶市盛世名城 68 号楼外形图

图 6.2　主卧分体空调室内机

图 6.3　空气能热水器

图 6.4　客厅、餐厅和卧室均使用风扇调节室内温度

偶尔会单独使用风扇，或者空调和风扇配合使用，保证睡眠时间段的舒适；另外，在非休息时间段仅使用风扇降温，既满足了室内热舒适要求，又有效降低了能耗。住户室内热环境控制措施如图 6.4 所示。

　　为了解住户室内空调的使用情况，使用智能插座进行监测，如图 6.5 所示，记录的用电量作为住户空调能耗的参考数据。从监测数据来看，该住户冬季未使用空调取暖，根据调研了解到的情况，该住户也未采用其他供暖设备。

### 6.2.3　室内环境监控系统

　　客厅内安装空气品质监测装置，该模块可实时测量室内的温度、湿度、$CO_2$ 浓度、$PM_{2.5}$ 浓度等参数，并将数据传送至服务器，用户可通过手机 APP、网页等方式远程实时查看，如图 6.6 所示。

图 6.5　智能插座监测界面

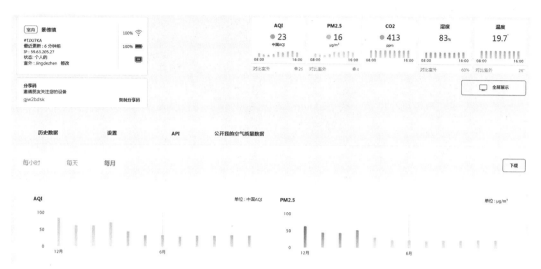

图 6.6 空气品质监测装置

# 6.3 技术经济分析

以 68 号楼一单元 202 室为分析对象,该户型为三室两厅一厨两卫,如图 6.7 所示,客厅朝南,建筑面积为 121m²。本住户的主要家用电器为空调、洗衣机、电视、冰箱、油烟机、空气源热泵热水器。主卧和次卧设有空调,其余地方多使用电风扇。本户常住人员 5 人,3 名青年,2 名孩子,周末根据活动情况而定,存在外出的情况。

## 6.3.1 室内环境分析

1)室内温湿度

2019 年 9 月 至 2020 年 9 月对本户主卧、次卧、客厅的温湿度进行了为期 1 年的逐时监测,如图 6.8 与图 6.9 所示。可以发现,主卧的室内温度和相对湿度在 6 月至 9 月明显低于次卧与客

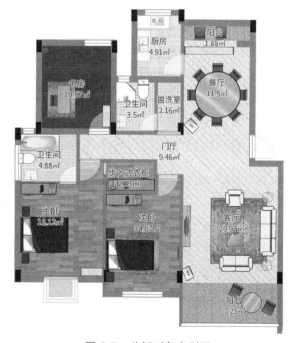

图 6.7 分析对象户型图

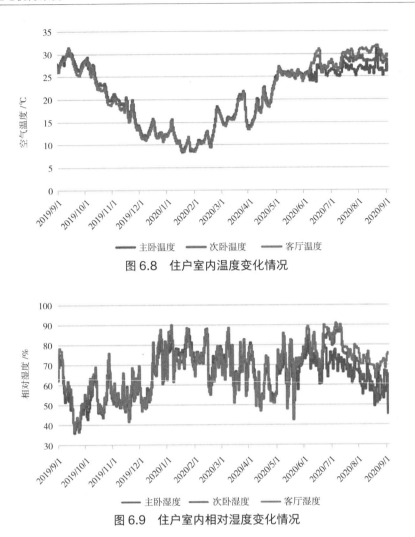

图 6.8 住户室内温度变化情况

图 6.9 住户室内相对湿度变化情况

厅；次卧的室内温度居中，客厅最高。客厅的室内温度在 9 月至 11 月中旬高于两个卧室，其余时间段三个空间的温湿度相差不大，且波动幅度相近。

主卧的空调能耗在 6 月至 9 月明显高于次卧空调能耗，如图 6.10 所示。结合室内环境可以发现，分体空调使主卧的室内环境最优，客厅在夏季只用风扇进行降温，因此室内热环境最差；9 月至 11 月中旬为夏热冬冷地区的过渡季，存在开窗通风的行为，但是卧室开窗时间较短，客厅开窗时间较长，客厅南北通风路径通畅导致客厅温度也得到了降低；其余时间段为夏热冬冷地区的其他季节，室内三个空间的温湿度无明显差异。所以可以根据空调开启时间段以及室内温湿度的差异将 6 ~ 9 月作为夏热冬冷地区的供冷季，其他时间为非供冷季。

（1）供冷季

由图 6.11 可知，主卧、次卧在供冷季分别有 77.4%、3.2% 的时间达到《民用建筑供暖通风与空气调节设计规范》GB 50736—2012 标准中 II 级舒适度要求（温

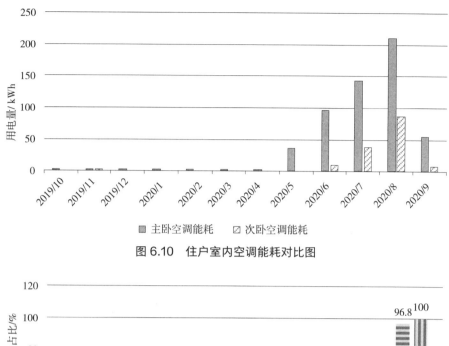

图 6.10 住户室内空调能耗对比图

| | < 24℃ | 24 ~ 26℃,<br>< 40%或> 60% | 24 ~ 26℃,<br>40% ~ 60% | 26 ~ 28℃,<br>≤ 70% | > 28℃或>70% |
|---|---|---|---|---|---|
| 主卧 | 2.2 | 26.9 | 3.2 | 47.3 | 20.4 |
| 次卧 | 0 | 0 | 0 | 3.2 | 96.8 |
| 客厅 | 0 | 0 | 0 | 0 | 100 |

图 6.11 住户供冷季室内热舒适情况

度 26 ~ 28℃，且湿度不大于 70%）。因此，供冷季该住户的主卧室内环境较为良好，远优于次卧与客厅，客厅舒适度较差。结合空调能耗的分析可以发现，室内环境与空调的使用程度正相关，夏热冬冷地区供冷季对空调的依赖程度较高。

（2）非供冷季

由于该住户冬季未使用供暖设备，所以过渡季与其他季节均为自然通风，统称非供冷季。由图 6.12 可知，主卧、次卧和客厅分别有 36.1%、34.3% 和 29.2% 的时间符合《民用建筑室内热湿环境评价标准》GB/T 50785—2012 标准中对非人工冷热源环境下的温湿度舒适度要求（温度 18 ~ 28℃，相对湿度 30% ~ 70%）。但大部分时间内，室内温度均小于 18℃，证明夏热冬冷地区在非供冷季时间段，

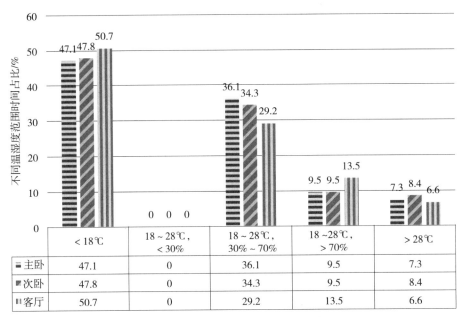

| | < 18℃ | 18 ~ 28℃,<br>< 30% | 18 ~ 28℃,<br>30% ~ 70% | 18 ~28℃,<br>> 70% | > 28℃ |
|---|---|---|---|---|---|
| 主卧 | 47.1 | 0 | 36.1 | 9.5 | 7.3 |
| 次卧 | 47.8 | 0 | 34.3 | 9.5 | 8.4 |
| 客厅 | 50.7 | 0 | 29.2 | 13.5 | 6.6 |

图 6.12　住户非供冷季室内热舒适情况

应该注意供暖及保温，提高室内温度，从而提升室内舒适时间的占比。

2）室内 $CO_2$、$PM_{2.5}$ 浓度

监测期间室内 $CO_2$ 浓度变化情况如图 6.13 所示，100% 的时间低于《室内空气质量标准》GB/T 18883—2002 规定的 1000ppm 限值要求。室内 $PM_{2.5}$ 浓度变化情况如图 6.14 所示，32.9% 的时间满足《环境空气质量标准》GB 3095—2012 中 24h 均值小于 $35\mu g/m^3$ 的 Ⅰ 级浓度限值，84.3% 的时间满足标准中 24h 均值小于 $75\mu g/m^3$ 的 Ⅱ 级浓度限值。

由以上分析可知，室内 $CO_2$ 浓度全年满足要求，但是 $PM_{2.5}$ 浓度存在超标

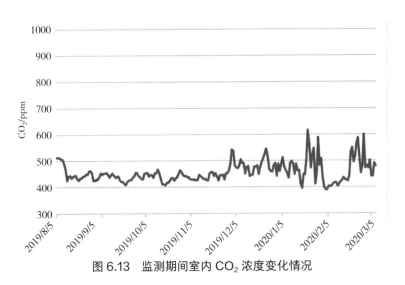

图 6.13　监测期间室内 $CO_2$ 浓度变化情况

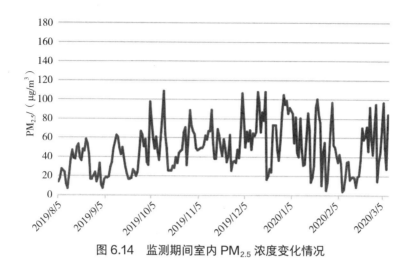

图 6.14 监测期间室内 PM$_{2.5}$ 浓度变化情况

情况，超标时间主要在 12 月至 2 月，此阶段正值上饶市供暖季，虽然住户未使用取暖器，但是室内门窗紧闭，导致室内通风情况较差。

### 6.3.2 运行能耗分析

该住户 2019 年 9 月至 2020 年 9 月用电量 2771kWh，单位面积耗电量为 22.9kWh/m$^2$，逐月用电量如图 6.15 所示，从全年用电量来看，空调用电引起的用电量增加主要集中在 7 ~ 8 月，较其余月份平均增加约 120kWh/ 月。

《民用建筑能耗标准》GB/T 51161—2016 中对夏热冬冷地区居住建筑非供暖能耗指标约束值为 3100kWh，由于住户实际居住人数超过 3 人，综合电耗指标实测值需要进行修正，因此，本户的能耗指标修正值为 1578.6kWh，远低于约束值的要求。

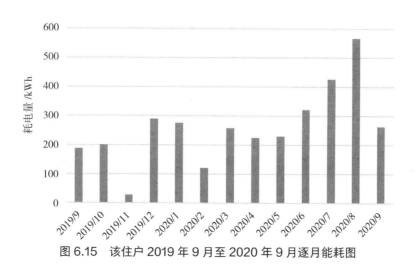

图 6.15 该住户 2019 年 9 月至 2020 年 9 月逐月能耗图

根据国家发改委发布的《2011 年和 2012 年中国区域电网平均 $CO_2$ 排放因子》，华中区域电网的平均 $CO_2$ 排放因子为 0.5257kg $CO_2$/kWh，本项目全年用电量为 2771kWh，经换算产生 1.46t $CO_2$，单位面积碳排放为 12.04kg $CO_2$/$m^2$。

# 6.4 总结

综上所述，上饶市盛世名城 68 号楼一单元 202 室住户 2019 年 9 月至 2020 年 9 月用电量 2771kWh，单位面积耗电量为 22.9kWh/$m^2$。通过分析其运行策略及测试结果，可以得到以下启示：

（1）住户 2019 年 9 月至 2020 年 9 月的综合电耗指标修正值为 1578.6kWh，满足《民用建筑能耗标准》GB/T 51161—2016 中夏热冬冷地区居住建筑综合电耗指标 3100kWh 约束值的要求。

（2）从实测结果可以看出，夏热冬冷地区供冷季的室内热环境对空调的依赖程度较高，在非供冷季应该注意供暖及保温。

（3）本项目采用高效的低碳节能技术，实现舒适卫生室内环境的同时，降低了能耗。空气能热水器和室内环境监控系统的使用为我国夏热冬冷地区住宅建筑的绿色低碳发展提供了重要参考。

三

农村住宅优秀案例

# 1  北京大兴"零舍"

任军　邸扬
天津市天友建筑设计股份有限公司

## 1.1　项目介绍

本案例位于北京市大兴区魏善庄镇半壁店村，处于北京市和雄安新区联络线上，与大兴机场处于同一个"九楔绿廊"中，是大兴机场到北京市区的必经通道。"零舍"所处热工分区属于寒冷地区，四季分明，夏季高温多雨，冬季寒冷干燥，过渡季短暂。

本案例外观与周围环境如图 1.1 所示。本案例共地上 1 层，建筑面积 402.34m²，建筑高度 6.748m，室内分阳光房、办公、会议、居住等功能区，保留了原始两进院落的布局，用阳光房、楼梯间等作为联系空间，同时又作为气候缓冲空间，室内功能分区详见图 1.2，项目是在原有农宅建筑基础上改造并局部加建而成。在 2019 年第六届全国近零能耗建筑大会上，共有 12 个项目获得"近零能耗建筑"标识牌，零舍是唯一一座已经建成并投入使用的建筑。

图 1.1　零舍外观图

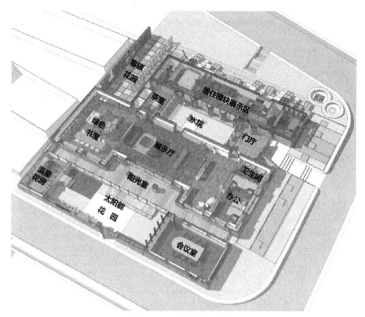

图 1.2　功能分区详图

本案例为单层乡居改造项目，原建筑体形系数较大，对节能不利，通过性能优化，在原建筑基础上增设被动式阳光房、楼梯间等过渡联系空间，从而降低建筑的体形系数，控制建筑体形系数为 0.5，符合《北京市居住建筑节能设计标准》DB 11/891—2012 要求。

## 1.2　建筑技术措施

本案例通过本体节能、可再生能源利用、新型设备的综合利用，实现了建筑的近零能耗，图 1.3 展示了本案例采用的先进建筑技术手段。

### 1.2.1　被动式节能技术

1）围护结构节能技术

本案例外墙体分为木结构和装配式两部分。木结构部分（应用于门厅和会议功能部分）：外墙采用 240mm 厚挤塑聚苯板，屋面采用 350mm 厚挤塑聚苯板，地面采用 250mm 厚挤塑聚苯板。

装配式部分（应用于居室部分）：钢板之间采用 160mm 厚岩棉，模块外贴250mm 厚挤塑聚苯板，屋面部分设 300mm 厚挤塑聚苯板。

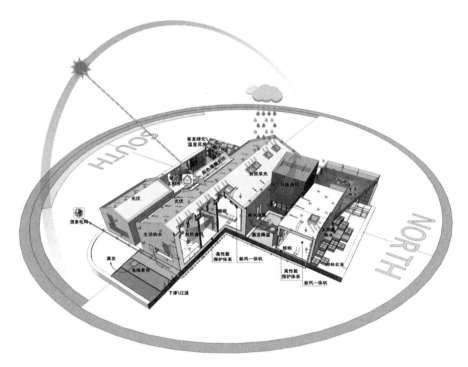

图 1.3　关键技术手段

　　针对乡村红砖建筑风貌，外保温的基础上又砌筑了红砖，形成夹心保温结构，兼顾建筑风貌和气密性，如图 1.4 所示。

图 1.4　外墙保温及外窗结构

　　外门窗类型：采用三玻两腔玻璃钢质外窗，结构为 5mm 厚透明玻璃 +12Ar+5mm 厚透明玻璃 +0.15 真空 +5mm 厚透明玻璃，整窗传热系数小于 0.8W/（m²·K）。屋面、外墙和外窗的传热系数如表 1.1 所示。

围护结构指标 表1.1

| 技术指标 | 设计值 |
| --- | --- |
| 屋面传热系数 [W/（m²·K）] | 0.09 |
| 外墙传热系数 [W/（m²·K）] | 0.12 |
| 外窗传热系数 [W/（m²·K）] | 0.80 |

为保证建筑气密性，将建筑分为三个气密区，如图1.5所示。外门窗框与结构墙体之间的接缝采用耐久性良好的密封系统，气密性系数达到0.6。为保证无热桥处理，将附加的建筑空间结构体系独立，与主体建筑脱离，外保温系统的锚栓采用20mm厚隔热垫块阻断热桥，女儿墙等部位均作无热桥处理。

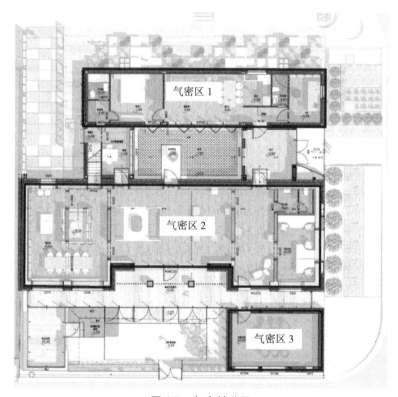

图1.5 气密性分区

2）被动式阳光房

被动式阳光房是通过建筑朝向和周围环境的合理布置，内部空间和外部形体的巧妙处理，以及建筑材料和结构、构造的恰当选择，使其在冬季能采集、保持、贮存和分配太阳能，从而解决建筑物的采暖问题。同时，在夏季又能遮蔽太阳能辐射，散逸室内热量，从而使建筑物降温，达到冬暖夏凉的目的。本案例在入户处设置被动式阳光房，全明结构保证了阳光的充分射入，如图1.6

图 1.6　被动式阳光房

所示，即使在室外温度为 0℃时，阳光房室内温度也可达到 20℃左右。

3）天然采光和自然通风技术

本案例设置天窗和风塔，如图 1.7 所示。天窗增加了室内采光，改善了原有乡村建筑天然采光的不足，优化了室内光环境，并增强了冬季热辐射。屋面的楼梯间做成一个铜表皮的风塔，来实现局部自然通风，依靠自然风加强室内空气流通，减少电耗，其原理如图 1.8 所示。建筑遮阳设计方面，南向房间采用可调节外遮阳，东、西向则采用固定外遮阳加可调节内遮阳系统。

为弥补自然通风能力的不足，本案例在室内热环境控制方面采用带高效热回收装置的新风系统，热回收效率 ≥ 75%，如图 1.9 所示。

图 1.7　天窗和风塔

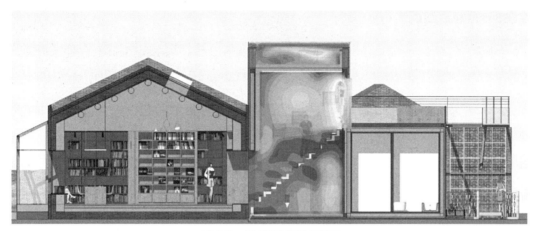

图 1.8 楼梯间风塔示意图

图 1.9 新风机（左）和末端风口（右）

## 1.2.2 可再生能源利用技术

本案例采用光伏建筑有机一体化，如图 1.10 所示。屋面结合传统民居双坡形式选择了非晶硅太阳能光伏瓦，被动式阳光房的玻璃屋顶采用了彩色薄膜光伏，总装机为 7.1kWp，以并网的方式为建筑提供电能。此外，安装在建筑外墙上的柔性光伏发电材料，可以用于手机充电，居住模块设置太阳能热水系统可以为厨房、卫生间等场所提供生活热水。

图 1.10 光伏瓦（左）、彩色薄膜光伏板（中）及柔性光伏板（右）

### 1.2.3 智能监测系统

本案例安装了智能监测系统，可实时监测室内温湿度、空气品质等环境参数，同时对建筑光伏发电及建筑能耗进行监测统计，数据显示界面如图 1.11 所示。

图 1.11 监测数据显示

# 1.3 运行效果分析

### 1.3.1 室内环境分析

为保障低能耗情况下建筑物服务水平达标，对本案例的卧室、前厅、后厅这三个区域的室内温湿度、$CO_2$ 浓度、$PM_{2.5}$ 浓度进行了监测，之后将监测的数据与国家标准的要求进行对比。室内温湿度的评价按照国家标准《农村居住建筑节能设计标准》GB 50824—2013 执行，同时参考《民用建筑供暖通风与空气调节设计规范》GB 50736—2012；$CO_2$ 和 $PM_{2.5}$ 浓度的评价则分别按照《室内空气质量标准》GB/T 18883—2002、《环境空气质量标准》GB 3095—2012 的规定进行。本研究的室内环境质量评价指标如表 1.2 所示（本书中其余农村住宅案例均按此标准评价）执行。

室内环境质量评价指标 表 1.2

| 环境参数 | 夏季 | 冬季 |
| --- | --- | --- |
| 温度 /℃ | 24 ~ 30 | 14 ~ 24 |
| 相对湿度 /% | 40 ~ 70 | ≥ 30 |
| $CO_2$ 浓度 /ppm | ≤ 1000 | |

续表

| 环境参数 | | 夏季 | 冬季 |
|---|---|---|---|
| PM₂.₅浓度 / (μg/m³) | I 级浓度限值 | ≤ 35 | |
| | II 级浓度限值 | ≤ 75 | |

注：PM₂.₅浓度是指 24h 浓度均值

1）室内温湿度

（1）供暖季

2020 年 11 月 15 日至 2021 年 3 月 15 日的温度变化监测结果如图 1.12 所示。供暖季室内温度日平均值为 20.2℃，最大和最小日均值分别为 23.3℃和 15.3℃。

图 1.12　供暖季室内温度日均值

供暖季监测期共 121d，室内温度全部达到表 1.2 中温度要求，即达标率为 100%。

（2）供冷季

2020 年 6 月 15 日至 9 月 15 日的温度变化监测结果如图 1.13 所示。供冷季室内温度日平均值为 25.4℃，最大和最小日均值分别为 29.8℃和 23.1℃。

供冷季监测期共 93d，室内温度全部达到表 1.2 中温度要求，即达标率为 100%。

2）室内 $CO_2$、PM₂.₅浓度

根据连续监测数据记录（2020 年 4 月 3 日 ~ 2021 年 4 月 2 日），如图 1.14 所示，典型房间 $CO_2$ 浓度的日均值平均为 454ppm，最大值为 687ppm，最小值为 334ppm，全部时间满足《室内空气质量标准》GB/T 18883—2002 规定的 1000ppm 的限值要求。室内典型房间 PM₂.₅浓度的全年日均值为 26μg/m³，最大值为 86μg/m³，最小值为 4μg/m³。其中 74.8% 的时间（273d）达到了《环境空

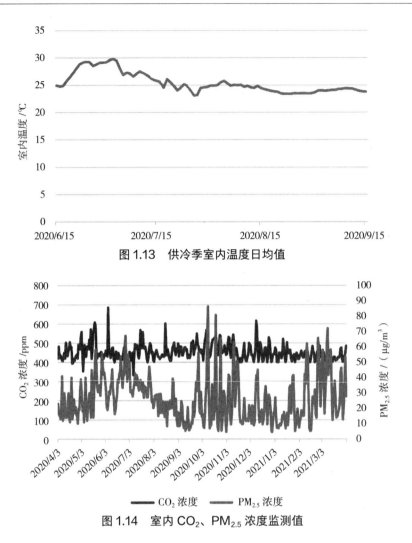

图 1.13　供冷季室内温度日均值

图 1.14　室内 $CO_2$、$PM_{2.5}$ 浓度监测值

气质量标准》GB 3095—2012 中 24h 均值低于 $35\mu g/m^3$ 的一级浓度限值要求，99.5%（363d）的时间达到了低于 $75\mu g/m^3$ 二级浓度限值要求。

结果表明，本案例在室内 $CO_2$ 浓度控制方面效果显著，说明室内新风量能够得到充足保障，自然通风为主的方式可以兼顾能耗和室内环境品质。同样，$PM_{2.5}$ 浓度控制方面仅存在 0.5% 的时间超出 $75\mu g/m^3$，总体室内空气品质处于非常高的水平。

### 1.3.2　运行能耗分析

本案例成功获得了近零能耗建筑标识，在使用期间主要承担示范展示功能，同时包含部分办公区域，建筑功能定位并非普通农宅，因此能耗特征与普通住户存在差别。为验证能耗效果，在 2020 年 1 月至 12 月期间，对能耗情况进行监测，期间实际耗电量为 2594.5kWh，由于 2～5 月受新冠肺炎疫情影响，本项目处于关闭状态，6 月开始恢复正常使用。结合室外环境和用能需求，参考 1 月份用电量推测 2 月份和 3 月份用电量，以 6 月份用电量推测 4 月和 5 月用电量，预估正常使用全年总用电量为 3624.55kWh，逐月耗电量情况如图 1.15 所示。1 ~ 3 月、11 月、12 月属于典型冬季供暖工况，耗电量较高；4、5、6 月温度适宜，无需供暖或供冷，耗电量降低；7、8 月为夏季供冷季，耗电量增大。本项目全年光伏发电量可达 4000kWh，完全可以满足建筑用电量需求。

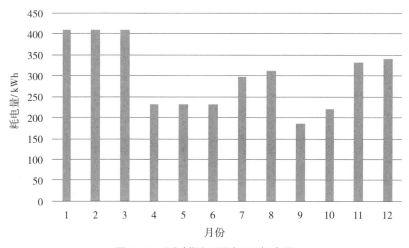

图 1.15　测试期间预测逐月耗电量

# 1.4　总结

我国《乡村振兴战略规划（2018–2022）》要求，"必须坚持人与自然和谐共生，走乡村绿色发展之路"，这为乡村的现代化改造和发展指明了方向，但是在现实中究竟该如何去落实？如何在当代"集约、智能、绿色、低碳"的全球理念下，探索建设绿色智慧美丽宜居乡村？这些问题是大兴"零舍"设计建造的出发点。

"零舍"所展现的是一种全新的建筑理念，通过各种先进技术措施的应用，证明通过改造手段也可以获得更加舒适、节能的居住环境。对于"零舍"所采用的一些技术和设计，普通农宅可以在这个样板的基础上做减法，根据实际需要，在符合成本预算的前提下对住所进行改造。"零舍"是具有未来首都乡村特色的绿色建筑，也是农村民居现代化改造和建设的一个样本，未来可在数字化的基础上谋划整个村庄的数字化改造。本案例可为新型乡村的改造和现代化建设与发展提供了参考。

# 2 沈阳绿色农房体验中心

夏晓东
沈阳建筑大学

## 2.1 项目介绍

### 2.1.1 区位特点

辽宁省沈阳市绿色农房体验中心是沈阳建筑大学严寒地区建筑节能技术研究中心和沈阳市辽中区刘二堡镇政府联合打造的装配式钢结构绿色农房示范项目，位于刘二堡镇高登堡村。辽中区是连接"大沈阳经济区腹地"和"五点一线沿海经济带"的节点。该地区属于严寒地区，冬季时间长，主导风向为西北风；夏季空调时间相对较短；春秋两季气温变化波动大，持续时间短，春季多风，秋季晴朗。

### 2.1.2 基本概况

本案例为单层建筑，外观如图 2.1 所示，建筑面积 123.45m$^2$，在空间布局上紧扣东北农村生产生活习惯，创造了两室两厅一卫一厨一设备的标准化生活空间，户型如图 2.2 所示。空间布局将卧室、客厅布置于南向以利于被动式太阳能得热，厨房、餐厅、卫生间、设备间等次要用房布置于北向，从而提高主要房间的热稳定性。将不采暖的闷顶、仓储用房等空间布置于主要用房两侧，以及在南北侧设置门廊，可保护主次要房间，并作为具有很好保温功能的缓冲空间。

绿色农房体验中心南立面

绿色农房体验中心北立面

图 2.1 绿色农房体验中心外观图

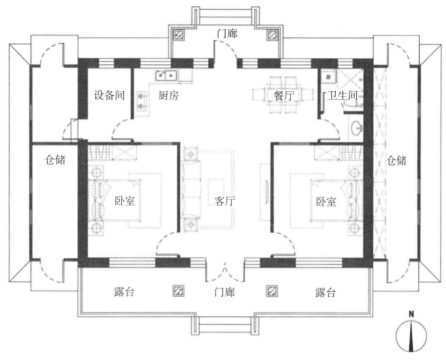

图 2.2　绿色农房户型图

　　本案例以"被动式技术优先、主动式技术辅助"的设计原则，展示了被动式超低能耗建筑设计理念和装配式钢结构绿色农房技术的系统结合，实现了装配式钢结构绿色农房和严寒地区超低能耗绿色农房两个设计目标。

## 2.2　被动式节能技术

### 2.2.1　轻钢轻浆料无热桥围护结构技术

　　运用该技术的墙体在保证力学性能的同时，具有卓越的抗震性能。本案例的墙体总厚度370mm，保温性能是沈阳地区传统"三七墙"的10倍以上，是现行规范中墙体要求的3倍以上。此技术成本低，节能效率高，可以有效地把供暖热量留在室内，保持较好的热稳定性，其结构如图2.3所示。

　　1）外墙

　　外墙采用轻钢轻浆料无热桥外保温系统，在墙体轻钢龙骨室外侧通过断热桥锚栓锚固220mm厚EPS板作为免拆模板，同时作为建筑外保温，室内侧以结构板带为基层锚固增强纤维水泥板，轻钢龙骨空格间浇筑110mm厚胶粉聚

轻钢轻浆料无热桥外保温墙体　　　　　　轻钢轻浆料无热桥夹芯保温墙体

图 2.3　轻钢轻浆料无热桥墙体结构示意图

苯颗粒浆料，墙体总厚度（含内装修）370mm，传热系数为 0.147W/（m$^2$·K），如图 2.4 所示。

2）屋面

屋面采用轻钢轻浆料无热桥内保温系统，在轻钢屋架下弦杆通过断热桥锚

断热桥安装保温板　　　　　　　　　　　室内侧安装免拆模板

浇筑胶粉聚苯颗料浆料　　　　　　　　　保温层外抹防火保护层

图 2.4　外墙施工图

栓吊挂 260mm 厚 EPS 板做内保温，并在其上浇筑 150mm 厚胶粉聚苯颗粒浆料，屋面总厚度 450mm，传热系数为 0.13W/（m²·K），如图 2.5 所示。

断桥吊挂安装保温板

保温板间错口连接

浇筑胶粉聚苯颗粒浆料

顶棚保温抹防火保护层

图 2.5　屋面施工图

## 2.2.2　外门窗

外门窗采用塑钢窗，采用外挂安装方式，通过 L 型连接件将外窗安装于墙体轻钢龙骨洞口外侧，未粘贴气密膜，并以外保温层压过窗框 20mm，如图 2.6 所示。各方向窗墙面积比分别为南向 0.33、北向 0.25，东西向均为 0。外窗传热系数 1.7W/（m²·K），气密性等级符合国家标准《建筑外门窗气密、水密、抗风压性能分级及检测方法》GB/T 7106—2008 中规定的 6 级。

入口是住宅主要开口之一，在严寒地区的冬季，入口是农村住宅的唯一开口部位，也是控制冷风渗透热损失的主要部位。在南北侧设立入口及门廊，避开了当地冬季的主导西北风向，防止冷空气进入室内，同时门廊还形成了具有保温功能的过渡空间。

## 2.2.3　地面

在地坪结构层下设置保温层，采用两层 100mm 厚挤塑聚苯板错缝铺设，层间以胶粉聚苯颗粒浆料粘结，传热系数为 1.5W/（m²·K），保温层下铺防潮塑料膜以隔绝地潮。保温层之上绑扎地面构造筋，地面浇筑 60mm 厚混凝土，如图 2.7 所示。

外挂安装外窗

外窗外挂安装方式

图 2.6　外窗安装图

地面铺设保温层

基础梁上铺设保温层

浇筑地面混凝土

地面混凝土层养护

图 2.7　地面施工图

## 2.3　采暖空调系统

本案例采用太阳能热水地板辐射采暖系统，系统热源仅采用 $16m^2$ 平板太阳能集热器，配以 300L 储热水箱，室内供暖末端采用低温地板辐射采暖系统。本案例供暖系统采用物联网云端远程智能控制技术，对建筑供暖能耗和室内温湿度进行监控计量，如图 2.8 所示。太阳能资源充足条件下，平板集热器利用太阳能将介质加热并通过 P1 循环泵为储热水箱内的热水升温，室内供暖循环泵 P2 将储热水箱内的热水循环至室内地面混凝土层内，为建筑供暖，当夜间或太阳能条件较差时，启动蓄热水箱内的电加热设备提供热源。主要设备功率为：P1 循环泵 200W、P2 供暖循环泵 94W、电加热设备 3kW。

据监测数据显示，即使在房屋湿度较大的不利条件下，采暖期内平均每天多增加 5 度电可保证主要房间室温达到 18 ~ 21℃。

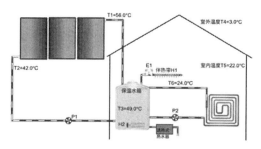

采暖系统原理示意图

低温地板辐射采暖系统敷设

室内储热水箱

图 2.8　采暖系统示意图

## 2.4　运行效果分析

### 2.4.1　室内环境分析

由于本案例处于严寒地区，夏季空调时间短，冬季供暖时间较长，且室外气温较低，所以夏季制冷工况不作分析，重点监测冬季供暖工况下，室内舒适度是否满足要求。2018 年 11 月 24 日 ~ 12 月 26 日，对本案例主要房间的室内温湿度进行监测，监测数据如图 2.9 所示。

图 2.9　测试房间室内气温逐日变化

在监测期间，主要房间室内温度日平均值为 19.2℃，最大和最小日均值分别为 20.5℃和 17.6℃，室内温度全部达到农村居住建筑温度要求。此外，室内相对湿度一直保持在 65% ~ 70%，均满足湿度要求，总体达标率为 100%。这表明在严寒地区太阳能热水采暖是可行的。

### 2.4.2　运行能耗分析

本案例作为辽宁省绿色农房示范项目，主要功能为展示用的样板间，因此能耗特征与当地普通农宅存在差别。该地区冬季寒冷、供暖期长，而夏季空调时间很短，由于体量较小并仅为单层建筑，夏季不需要开启空调，通过开窗自然通风即可满足要求。因此冬季采暖能耗为关注的重点，本案例 2018 ~ 2019 年供暖季采暖系统总耗电量为 1170kWh，年采暖费用 585 元，实际供热量 1567.8kWh，单位面积指标 12.7kWh/（m²·a），降低采暖成本效果显著，推广和使用该采暖系统具有重要意义。

# 2.5　总结

为了满足农村广大群众的生活、生产需求，改善他们的居住环境，本案例根据地理气候、地域特色及农村的生产生活需要，提出了增强结构抗震能力、总体布局节地、生产生活功能兼备等符合现代绿色建筑的设计及建设理念。绿色农房体验中心不仅从建筑内部大幅度提高了房屋的安全性和耐久性，改善了室内环境的舒适度，而且也在外观上表现出浓郁的乡村建筑特色，保证了较低的建筑能耗水平，为东北地区乡村绿色发展路径提供了参考。

# 3 河北丰宁县千佛寺村农宅

王宗山
大连理工大学

## 3.1 项目介绍

### 3.1.1 区位特点

本案例位于河北省丰宁县千佛寺村，南邻北京市怀柔区，北靠内蒙古自治区，东接承德市围场，西与张家口市接壤，是联系北京与内蒙古的重要通道。该地区昼夜温差大，属于中温带半湿润半干旱大陆性季风型高原山地气候。春季多风干旱，夏季湿热多雨，秋季天高气爽，冬季寒冷干燥。

### 3.1.2 基本概况

本案例为既有单层农宅改造项目，改造前后外观如图 3.1 所示，建筑面积 100m²，建于 1987 年。建筑共有 7 个房间，按功能分为卧室、厨房、仓储，户型如图 3.2 所示。空间布局以厨房为核心，将卧室火炕布置于厨房两侧，"一把火"既提供了做饭热源又解决了取暖问题。仓储用房等空间布置于主要用房两侧，保护主次要房间，并作为温度缓冲空间。此案例家庭常住人口 2 人，均为中老年人。

图 3.1 改造前后建筑全景

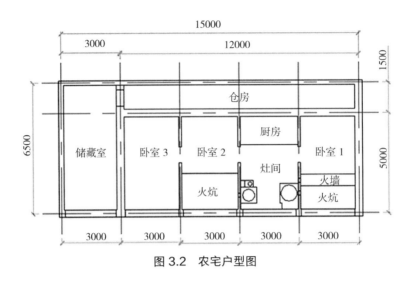

图 3.2　农宅户型图

# 3.2　关键技术手段

## 3.2.1　建筑围护结构节能技术

北方农宅围护结构面积大，提高住宅保温隔热性能是农宅设计的重要技术手段，本案例主要采取了以下技术措施：

（1）外墙采用木框架砖石砌体结构。为提高建筑围护结构的保温性能，结合当地的日照条件，东向外墙添加了 40mm 厚胶苯颗粒保温砂浆做外保温，北向外墙添加了 50mm 厚苯板加 20mm 厚胶苯颗粒保温砂浆做内保温。

（2）屋顶考虑到适用经济性、施工的可行性以及当地传统构造做法，采用坡屋顶构造。

（3）为改善传统木窗冷风渗透大的情况采用了密封条件较好的单层双玻塑钢窗，同时加设厚窗帘以减少夜间外窗散热，如图 3.3 所示。

图 3.3　外门窗外形图

## 3.2.2　采暖空调系统

在建筑采暖系统设计方面，本案例充分考虑地域气候特点和资源条件，设置了由火墙式火炕内置集热器供热系统、内置集热器柴灶供热系统、太阳能供

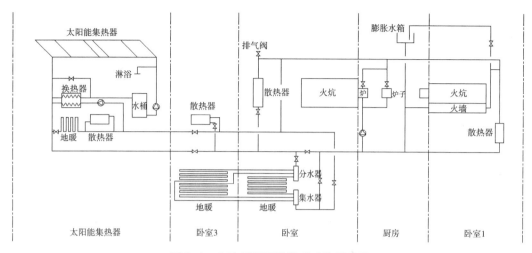

图 3.4　多种能源互补供暖系统原理图

热系统、燃煤炉供热系统联合组成的多能互补供暖系统（图 3.4）。热源侧以太阳能热水集热器、柴灶火炕作为常规热源，火墙和热水采暖炉作为调峰热源，实现热源侧互补。在用户末端侧采用火炕、散热器与蓄热地面相结合，一方面柴灶、火墙等产生的高温热水优先进入散热器，再进入蓄热地面形成热量的梯级利用。另一方面可以利用火炕形成的局部热环境，满足住户全天基本的采暖需求；散热器满足做饭、用餐等人员活动频繁时间段的动态热环境；利用蓄热地面维持基础热环境，可满足清晨室温过低、负荷需求过大问题，有效缓解供暖蓄热性与即热性供需矛盾。在供热能力、供热时间、安全性方面实现优势互补，满足农村住宅间歇供暖模式下动态热环境的供热需求。

1）火墙式火炕内置集热器供热系统

火炕是北方农村住宅中普遍使用的采暖设施，具有热效率高的特点。在燃料燃烧过程中，内置集热器将灶内部分热量传输至散热器用于室内供暖，如图 3.5 所示。

2）内置集热器柴灶供暖系统

柴灶内燃料燃烧的热量用来提供炊事用热和炕体得热，在燃料燃烧过程中集热器将灶内部分热量传输至散热器用于室内供暖，如图 3.6 所示。

3）太阳能供热系统

本案例在屋面安装太阳能集热器，将太阳能收集起来作热源，再通过储热水箱、换热器、供暖管道、散热设备等配套供暖设施，为建筑供暖，如图 3.7 所示。

图 3.5　火墙式火炕内置集热器供热系统　　　图 3.6　内置集热器节能柴灶

 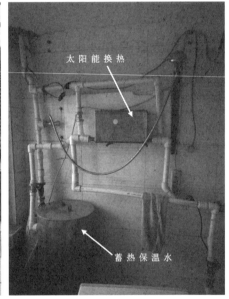

图 3.7　太阳能集热器（左）与室内系统（右）

## 3.3　运行能耗分析

通过核算，2019 ～ 2020 年采暖期内消耗 697.5kg 煤和 450kg 玉米芯。经实地调研，当地村中使用煤炉加土暖气系统的其他类似房屋，采暖期大约消耗1.5 ～ 2.0t 燃煤，本案例采暖能耗远低于平均水平。若将夜间燃煤炉替换成内置集热器柴灶，采暖期内消耗约 1680.9kg 玉米芯，此条件下，住户利用自产的秸秆、玉米芯等材料即可满足绝大部分时间段的采暖需求，避免了煤炭消耗。

此外，采暖系统需要使用循环水泵，该系统主要运行的循环水泵包括太阳能集热水泵、换热器侧循环水泵以及柴灶侧循环水泵，根据实测开启时长，计算得到循环水泵耗电量为 1.42kWh/d，电费按 0.5 元 /kWh 计算，则采暖系统总用电量约为 213kWh，电费约为 106.5 元。

## 3.4　总结

本案例所采用的围护结构外保温、更换门窗、加装太阳能系统等技术，均具有结构简单、安装方便、效果良好的特点，对于普通农村住户而言，接受度较高。其中，柴灶和火炕这类典型的北方农宅特有的设施，在改造中仍予以保留，并耦合至全屋用能系统，凸显了因地制宜、就地取材的改造原则以及当地农宅的特色之处。本案例为典型的北方传统既有农宅节能改造项目，所采用的技术措施具有良好的经济性和应用效果，经过实际验证，可以进行大范围推广。

# 4　北京大兴未来乡居"草堂"

魏广龙

河北工业大学

## 4.1　项目介绍

### 4.1.1　区位特点

本案例位于北京市大兴区魏善庄镇绿色小镇内,属于寒冷地区,四季分明,夏季高温多雨;冬季寒冷干燥,多风少雪;春季气温多变,易发生大风、沙尘天气;秋季短促,晴朗少雨,舒适宜人。项目建成后作为乡村装配式低能耗被动房示范点,为未来绿色乡村模式发展起到探索和示范作用。

### 4.1.2　基本概况

本案例为单层建筑,外观如图 4.1 所示,建筑面积 123.6m²,其中居住空间 57.2m²,交流空间 35.1m²,阳光间 17.1m²。将阳光间布置于南向以利于被动式太阳能得热,储藏间布置于主要用房外侧,以保护内部房间。将阳光间和储藏间作为联系空间,既能作为气温缓冲空间,提升室内舒适感,又有利于降低能耗。

图 4.1　建筑外观示意图

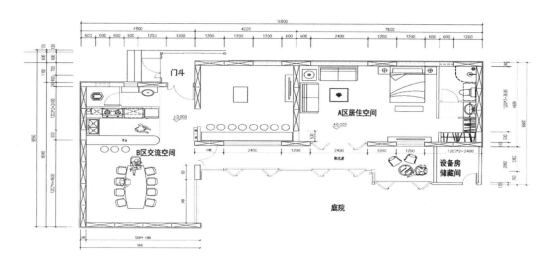

总建筑面积：123.6m²，其中 A 区居住空间：57.2m²，B 区交流空间：35.1m²，阳光房 17.1m²。
▨ 标准草砖模块，1200×240

图 4.2 平面示意图

此外还加设门斗，避免冷风直接吹入室内造成热量损失，室内功能分区详见图 4.2。当前，本案例为具有接待功能的民宿，今后可灵活转化为符合现代生活方式的新型农村住宅。

## 4.2 被动式节能技术

### 4.2.1 建筑围护结构

1）生物质装配式体系

建筑外围护结构采用装配式秸秆复合板模块体系，基于地基条件及秸秆复合墙体模块的尺寸，形成合适的开间进深。模块由 OSB 板围合而成的长方体（内部填塞秸秆材料等生物材料）制成，如图 4.3 所示。其中墙体模块包括矩形模块和异形模块，以 1220mm 宽为主，600mm 宽为辅，高度由建筑高度所决定，屋顶模块包括平屋顶模块和坡屋顶模块，全部为 600mm 宽，如图 4.4 所示。

相较传统砖墙或混凝土墙体，这一体系减轻了结构自重，施工快捷，绿色环保，节约了建筑建造阶段的能耗。装配式秸秆复合板模块体系在性能方面具有的优势有：装配式轻钢龙骨框架能够很好地解决抗震问题；生产效率和施工效率非常高；隔热保温性能优秀；主体为轻型材料，基础简化，大量节省基础成本。

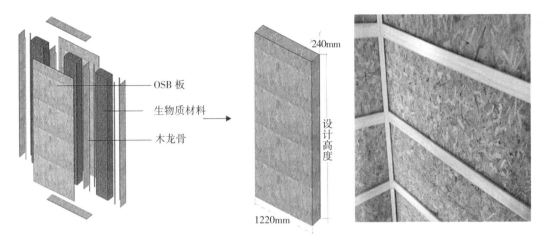

图 4.3 生物质装配式墙体示意图（左）与实物图（右）

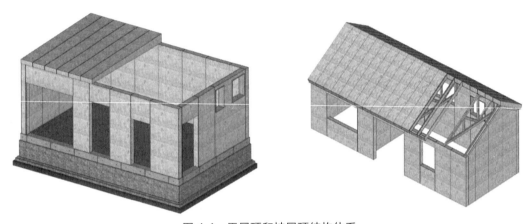

图 4.4 平屋顶和坡屋顶结构体系

2）外窗

建筑外窗采用三玻两腔中空玻璃配合铝塑共挤门窗框的组合，保温能力更强，有效防止冷风渗透。窗扇开启形式为内开下旋，外窗框与墙体之间的缝隙采用高效保温材料填堵。铝塑共挤门窗是铝衬与塑料紧密复合为一体的复合门窗，把传统的金属门窗和塑料门窗融为一体，兼具了金属门窗的高强度和塑料门窗的高保温性，如图 4.5 所示。

### 4.2.2 建筑特殊涂料

建筑主体外饰面采用复合功能热反射隔热涂料。热反射隔热涂料是以反射为主要技术手段以取得隔热效果的功能性涂料，这一新型涂料与传统降温方法相比，能够从源头阻止热量向建筑内部的传递，进而达到节能的目的。涂料使用前后的效果对比如图 4.6 所示。

图 4.5　铝塑共挤门窗框剖面结构图

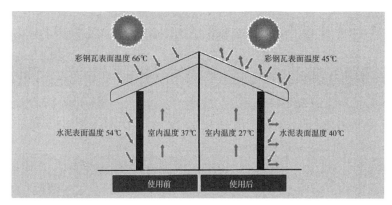

图 4.6　建筑采用反射隔热涂料前、后效果对比图

建筑屋顶与卫生间采用 LEAC 聚合物丙烯酸水泥防水涂料，是由有机材料高分子丙烯酸乳液和无机材料水泥基粉剂，通过现场复合而成。既有有机材料优异的力学指标，又有无机材料良好的稳定性，同时兼具耐高低温、耐水泡、耐腐蚀、耐紫外线等性能，可在多种恶劣条件下施工，具有优异的卫生和环保性能。

### 4.2.3　被动式空间

该地区有丰富的太阳能资源，且住宅无遮挡，具有得天独厚的太阳能利用条件，因此设有南向被动式阳光间，如图 4.7 所示。冬季尽可能多地获取并储存太阳能，增加太阳辐射量；夏季南侧阳光间外墙可全部打开，尽可能多地散热并减少夏季得热。

图 4.7　阳光间外观图

此外，本案例入口及门斗设立于北侧，避开了当地冬季的主导风向。门斗是室内外的过渡空间，避免过冷空气直接进入室内。另设辅助使用空间于北侧及边缘位置，可减少冬季散热，增加室内环境舒适度。

# 4.3　主动式节能技术

### 4.3.1　空气源热泵系统

本案例采用空气源热泵耦合太阳能系统作为热源，当冬季太阳能产热量减少时，空气源热泵可用作补充热源对建筑进行供热，同时提供生活热水。空气源热泵系统通过和屋面光伏系统协作，白天太阳能光伏系统产生的多余电量通过储热水罐存储，供晚上取暖所用，系统布置如图4.8所示。

### 4.3.2　太阳能光伏微电网系统

太阳能光伏及微电网控制系统能够优化用户用电平衡，为重要负荷不间断供电，并通过模拟多场景下用户用能模式，实

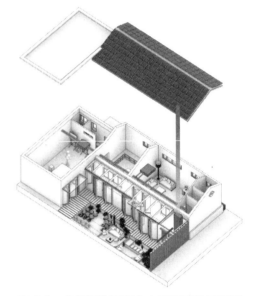

图4.8　空气源热泵耦合太阳能系统示意图

现基于数据挖掘技术的负荷行为精准预测。本案例采用并网型太阳能光伏供能方式，并配备10kWh储能电池，用于房屋中供电、供暖等一年四季生活需求，太阳能光伏及微电网控制系统可满足70%的生活用能，电站总投资5.3万元，静态投资回收年限4.8年，具有较高的经济性及可行性，如图4.9所示。

### 4.3.3　雨水收集系统

本案例设置雨水收集系统，通过立管式过滤器把雨水过滤后，直接排到蓄水箱蓄存，过滤后的雨水可达到城市杂用水标准，用于绿化浇灌、清洗等，如图4.10所示。水箱外壳由抗紫外线材质制造，可耐热、耐阳光照射，内部有不锈钢的特制过滤器，自动分离杂质、树叶、泥沙，不需要人工清理，回收率可达到90%以上。

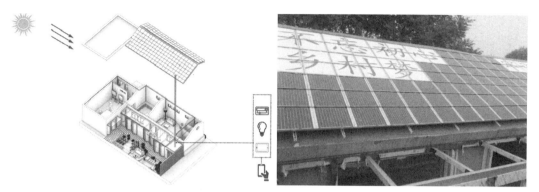

图 4.9 太阳能光伏微电网系统示意图（左）与太阳能光伏板（右）

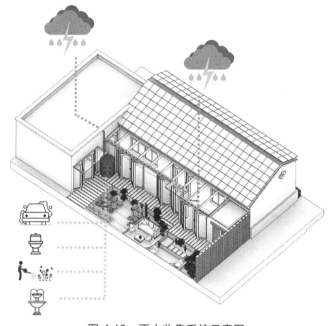

图 4.10 雨水收集系统示意图

## 4.4 室内环境分析

2020 年 11 月 15 日 ~ 2021 年 3 月 15 日对本案例居住空间的室内温湿度、$CO_2$ 浓度、$PM_{2.5}$ 浓度进行监测，分析建筑室内环境达标情况。

### 4.4.1 室内温湿度

供暖季室内温湿度变化监测结果如图 4.11 所示。供暖季室内温度日平均值为 20.6℃，最大和最小日均值分别为 26.1℃和 17.2℃；相对湿度月平均值为

图 4.11　供暖季室内温湿度日均值

38.0%，最大和最小日均值分别为 48.2% 和 27.2%。

供暖季监测期共 121d，室内温度全部达到农村居住建筑温度要求，即温度达标率为 100%。室内湿度达标天数为 117d，即达标率为 96.7%。

### 4.4.2　室内 $CO_2$、$PM_{2.5}$ 浓度

如图 4.12 所示，居住房间 $CO_2$ 浓度的日均值为 463ppm，最大值为 947ppm，最小值为 347ppm，全部时间满足《室内空气质量标准》GB/T 18883—2002 规定的 1000ppm 的限值要求。室内典型房间 $PM_{2.5}$ 浓度日均值在全年时间内的平均值为 $38\mu g/m^3$，最大值为 $48\mu g/m^3$，最小值为 $27\mu g/m^3$。其中 14.9% 的时间（18d）达到了《环境空气质量标准》GB 3095—2012 中 24h 均值低于 $35\mu g/m^3$ 的一级浓度限值要求，其余时间均达到 $75\mu g/m^3$ 二级浓度限值要求。

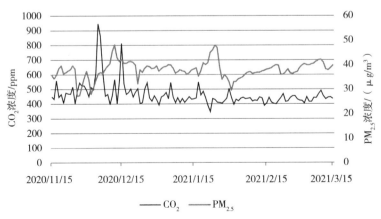

图 4.12　室内 $CO_2$、$PM_{2.5}$ 浓度监测值

# 4.5 总结

　　本案例是以"装配式"为主要形式的低能耗被动房农宅，装配式绿色农宅也是未来发展方向之一。秸秆复合板模块体系能够实现就地取材，加强农村生物质的回收利用，适用于我国大部分北方农村地区。本案例在装配式的基础上，辅以被动式绿色设计，实现了建材、建造、运营，甚至到最终拆除的全过程的绿色低碳，同时保证了健康舒适的室内环境。

# 四
## 北方供暖优秀案例

# 1　天津云杉镇智慧供热站

张尹路

天津六百光年智能科技有限公司

## 1.1　基本情况

天津市宝坻区云杉镇项目是天津市首批老年宜居社区，由天津市政建设集团全资子公司天津松江生态建设开发有限公司建设，天津滨海资产管理有限公司提供运营服务。该项目总占地约1490亩，于2010年4月开工建设，是集住、医、乐、学等于一体的全龄化宜老新型社区。

云杉智慧供热站位于宝坻区牛道口镇焦山寺村，2018年投入运行，以燃气热水锅炉为热源，锅炉容量2.8MW，2020～2021年供暖季供热量为11277.96GJ，本供热站为宝坻区牛道口镇清洁能源供热工程的一部分。供热站下辖换热站1座，负责松江上河苑养老公寓（47769m²）及生态大棚（9728m²）区域冬季集中供暖。供热站基本信息如表1.1所示。

供热站基本信息　　　　　　　　　　　　　　　　　　　表1.1

| 热源类型 | 常压燃气热水锅炉 | 所处位置 | 天津市 |
|---|---|---|---|
| 供热面积 | 57497m² | 建筑类型 | 公寓及大棚 |
| 换热站数量 | 1 | 投入使用时间 | 2018年 |
| 锅炉容量 | 2.8MW | 2020～2021年供暖季供热量 | 11277.96GJ |

本案例主要存在以下特点：

（1）热用户为两种功能迥异的建筑业态：养老公寓和生态大棚，二者用热负荷曲线差异大导致热量分配与动态调节难度大；

（2）同一热源对应两种供暖方式：一次直供（生态大棚）和二次间接供暖（养老公寓）；

（3）采用两种采暖末端形式：散热器（生态大棚）和毛细管辐射（养老公寓）。

## 1.2 技术系统情况

天津市云杉镇智慧供热站能源管理系统从供热站热负荷响应系统、管网热平衡调节系统、末端热舒适度保障系统、末端保障优化方案四个方面着手，结合能源系统机电设备，完整采集系统温度、压力、流量、智慧物联网热平衡阀开度等数据，通过 NB-IoT 物联网模块集中上传至数据平台，实现供热系统全数据链条完整，由大数据智慧能源管理系统统一优化管理。整体智慧供热系统结构如图 1.1 所示，传热系统可视化界面如图 1.2 所示。

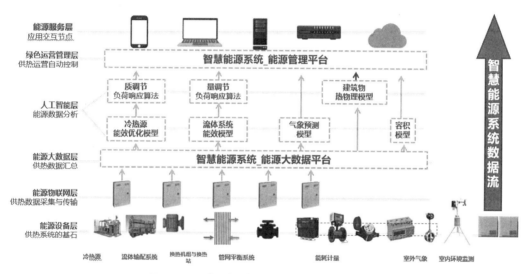

图 1.1 天津云杉镇智慧供热系统结构示意图

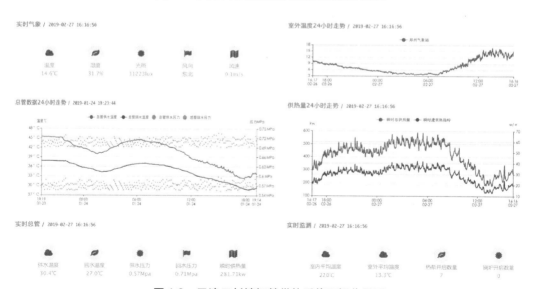

图 1.2 天津云杉镇智慧供热系统可视化界面

天津市云杉镇智慧供热系统简化流程如图1.3所示。燃气锅炉作为热源输出高温热水，其中生态大棚采用一次网直供的方式，直接由燃气锅炉产生的热水供暖。一次网的另一支路进入养老公寓换热站，通过板式换热器加热二次管网，二次网热水再进入养老公寓的辐射末端进行供暖。

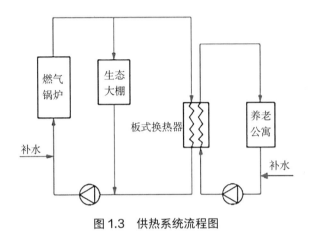

图1.3　供热系统流程图

此外，室外气象情况是影响供热系统运行的重要因素之一。项目设置室外气象数据收集系统实时收集温度、湿度、光照、风速、风向等气象数据，为智慧运营方案制定提供科学依据，提升客户服务满意度，为节能降耗提供有力保障。

### 1.2.1　热源

供热站热源为1台2.8MW的全预混低氮冷凝燃气热水锅炉，型号为CWNS2.8-90/65-Q.Y，如图1.4所示。全预混低氮冷凝燃气锅炉是一种高效、环保的天然气热能设备，采用独立大型铸铝冷凝换热器以及大功率全预混变频风机等核心技术，将空气和天然气在进入燃烧室之前，通过变频风机和比例燃气阀调节空燃比，并充分混合，可控制空气的需求量，提高烟气的露点，使烟气尽早进入冷凝阶段，以进一步提高效率，同时还降低火焰温度以减少$NO_x$的产生。全预混低氮冷凝燃气热水锅炉具有低氮燃烧、节能减排、体积小、使用灵活等特点，适用于天然气资源充足的小型区域供暖。

一般锅炉燃烧机燃烧时空气过剩，需用烟气再循环低氮技术降低过氧程度，但$NO_x$排放只能达到$25 \sim 30\text{mg/m}^3$，燃烧器在30%负荷运行下，排放高达$30 \sim 40\text{mg/m}^3$，而本案例锅炉$NO_x$最低排放可控制在$10\text{mg/m}^3$左右，且在全工况下不超过$15\text{mg/m}^3$。在节能方面，一般锅炉热效率为$90\% \sim 93\%$，而此锅炉可达到$103\% \sim 108\%$。

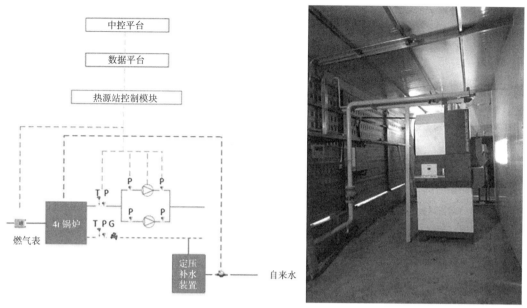

图 1.4　热源站系统示意图（左）和全预混低氮冷凝燃气热水锅炉（右）

　　热源控制系统运行原则：实现按需供热并使锅炉在不同工况下均能维持在最佳效率点。供热站安装了温度、压力、智慧物联网热平衡阀等传感控制设备，通过数据平台及中控平台，实现热源站系统的联动运行。通过大数据分析和人工智能智慧运行策略保障锅炉在不同工况下始终处于最佳效率状态，按需供应热量。

　　负荷响应运行策略由供热系统容积预测算法、室外气象预测算法、热量精确供应算法、热源效率优化算法四部分组成，该四部分的逻辑关系如图 1.5 所示。

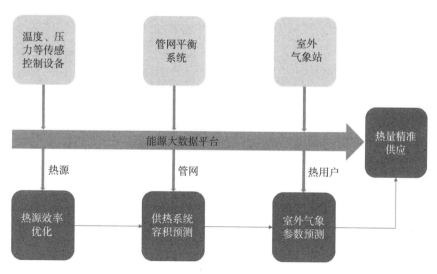

图 1.5　四种算法逻辑关系示意图

供热系统容积预测算法是通过对供热系统热源侧、管网侧、末端侧数据进行计算，计算热量从热源端输送至用户末端时间。由于供热系统容积的影响，需要通过室外气象预测算法，分析室外气象数据以及气象预报数据，对项目所在地气象情况进行预测，规避室内温度波动造成的能源浪费或用户满意度下降。

热量精确供应算法是在供热系统容积算法及室外气象预测算法的基础上，通过计算供热系统各组成部分的实时运行情况，计算满足用户室内温度的热量。

热源效率优化算法是通过对热源侧情况进行分析，制定满足现有条件下最优的热源运行策略。

本案例换热站供热范围覆盖云杉镇 6 号、7 号、9 号、10 号、13 号、14 号养老公寓，共计 47769m$^2$。换热站增加控制模块、通信模块，实现现有系统数据远传至数据平台的功能，为供热智慧运行平台数据分析提供依据，实时监控换热站设备运行状况，优化管网热力平衡调节，控制系统如图 1.6 所示。

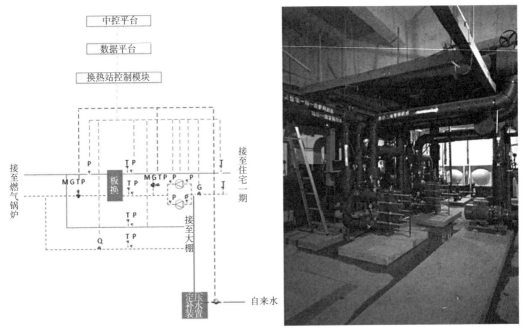

图 1.6　换热站控制逻辑示意图（左）和现场图（右）

## 1.2.2　热网

本案例一次管网供热设计供回水参数 85℃ /60℃，循环水量 120m$^3$/h，换热站共有循环水泵 3 台，2 用 1 备，单台水泵扬程 44m，额定流量 150m$^3$/h；二次管网设计供回水参数 35℃ /30℃，循环水量 210m$^3$/h，共有循环水泵 3 台,2 用 1 备，单台水泵扬程 32m，额定流量 230t/h。

传统设计方案中单元立管处仅设置手动关闭阀，调节性较差，易造成管网热平衡失调，导致近端过热、远端不热等问题，从而造成能源浪费，供热效果不佳，热平衡调节是实现供热系统热力平衡的关键。

本案例设计了立管热平衡在线监测系统。在各楼门立管处设 NB-IoT 立管热平衡采集器，实现立管热量数据远传智慧运营平台，并运用大数据分析及人工智能算法，制定管网热力平衡调节控制策略。在相应位置同时增加静态线性平衡阀，依据热平衡平台计算结果，调整静态线性平衡阀门以实现管网热力平衡，通过热平衡调节系统，一方面优化远近端热力平衡，另一方面有助于解决楼宇单元间热力失调问题，从根本上实现供热系统热力平衡，提高用户舒适度的同时，减少能源消耗。

闭式系统管网平衡调节各支路间相互耦合，调整任一支管、立管的流量会对其他支管、立管流量造成一定的影响，因此通过传统人工调节的方式很难实现管网热力平衡。而管网热力平衡控制策略是通过构建支管、立管间流量调节相关性模型，同时制定每个支管调节阀、楼门立管调节系统的策略，实现全管网的热力平衡。

由于本案例的特殊性，既需满足功能差异较大的两种建筑形式的供暖需求，又需要保持动态水力平衡，并且由于大棚的围护结构保温能力差，空间跨度大，受室外气象变化影响较大，实际的热量需求波动较大，所以实时动态调节大棚侧阀门成为系统调试的重要环节。图 1.7 展示了 1 月 15 日和 2 月 15 日的阀门开度变化，可以看出，生态大棚热负荷在一天内的波动很大。

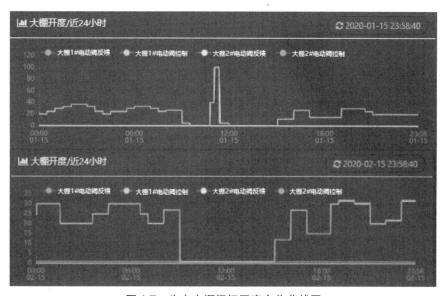

图 1.7 生态大棚阀门开度变化曲线图

### 1.2.3 热用户

本案例热用户分为养老公寓和生态大棚两种,如图1.8所示,由同一热源进行供热。养老公寓为毛细管辐射供暖,而生态大棚为散热器供暖,供暖面积分别为9728m² 和47769m²。养老公寓(7号、9号、10号、13号楼)常住户数173户,流动住户62户,空置房100户,入住率70%,

图1.8 养老公寓(左)和生态大棚(右)

其建造年代为2016年,形式为砖混结构,符合《天津市居住建筑节能设计标准》DB 29—1—2013,达到四步节能水平,节能率75%。生态大棚为框架结构,围护结构采用玻璃幕墙附加不同类型保温层的形式。

# 1.3 运行能效分析

本案例2020 ～ 2021年供暖季(2020年11月1日 ～ 2021年3月20日)的总体能耗情况如表1.2所示,其中总电耗按照《民用建筑能耗标准》GB/T 51161—2016中标准天然气耗值(0.2Nm³/kWh)折算,计入供暖能耗。

生态大棚围护结构保温性能显著低于居住建筑,单位面积建筑耗热量也大于居住建筑,因此,同时考虑生态大棚和养老公寓的综合供暖能耗指标理论上应大于单纯居住建筑的能耗指标。由于生态大棚缺乏相应的能耗标准,为了便于对比,将生态大棚和养老公寓按居住建筑综合考虑,2020 ～ 2021年供暖季,本案例综合供暖能耗指标仅为5.9Nm³/m²,与《民用建筑能耗标准》GB/T 51161—2016中天津市的约束值9.7Nm³/m²对比,低39.2%;单独考虑养老公寓单位面积能耗则低于约束值45.4%,实际指标为5.3Nm³/m²。可以看出采用全预混低氮冷凝燃气锅炉并配备智慧管网调控系统,即使末端存在生态大棚这类能耗明显偏高的建筑业态,节能效果也非常显著。原因分析,相对于大规模集中供暖项目,本案例供暖面积较小,管网规模也较小,热源单一,因此,整个系

| 2020～2021年供暖季能耗情况统计 | 表 1.2 |
|---|---|
| 供热面积 /m² | 57497 |
| 总用热量 /GJ | 11270.04 |
| 热源产热量 /GJ | 11277.96 |
| 燃气消耗总量 /Nm³ | 316909 |
| 总耗电量 /kWh | 107899 |
| 总耗水量 /m³ | 32 |
| 折合总能耗 /Nm³ | 338488.8 |
| 单位面积供热能耗 /（Nm³/m²） | 5.9 |
| 热源热效率 /% | 99.96 |
| 管网输配效率 /% | 99.9 |
| 供热系统总热效率 /% | 99.9 |

统维护难度小、成本低，可以较好地控制热损耗。同时，较高的锅炉燃烧效率和优秀的管网水力平衡性，对节能效果也具有一定贡献。下面分别从热源、管网、热用户这三个分项，单独计算其能耗指标。

### 1.3.1 热源能耗

本案例 2020～2021 年供暖季燃气消耗量 316909Nm³，锅炉房电耗 39743kWh，经计算，热源能耗指标为 28.8Nm³/GJ。《民用建筑能耗标准》GB/T 51161—2016 中的引导值为 32Nm³/GJ，本案例热源能耗指标低 10%，同时热源效率达到了 99.96%，节能减排效果显著。

### 1.3.2 热网输配效率和损失

经实测，本案例输配效率高达 99.9%，输配损失远远低于《民用建筑能耗标准》GB/T 51161—2016 中 2% 的约束值，这一点得益于较高的管道保温水平，且管网规模较小。本案例管网水泵电耗指标为 1.4kWh/m²，而标准约束值为 2.1kWh/m²，低 33.3%，管网输配电耗水平也非常低。

### 1.3.3 热用户能耗

本供暖季室外环境平均温度 2.12℃，养老公寓室内平均温度保持 22℃以上，大棚平均温度 15℃以上。为检验供暖效果的满意程度，对养老公寓住户的满意度进行了调查，结果如下：68% 的住户感到"非常满意"；24% 感到"满意"；仅有 8% 感到"一般"，如图 1.9 所示。实际调研过程发现门窗漏风及户内、竖井管道问题是影响供热品质及住户舒适度不达标的主要影响因素。

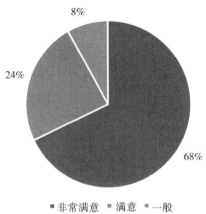

本案例在热用户方面存在两种类型建筑，并且差异较大，因此需要分别对这两类建筑进行供暖能耗分析，以量化建筑类型区别所造成的能耗差异，具体计算结果如表 1.3 所示。《民用建筑能耗标准》GB/T 51161—2016 中天津市的约束值为 0.25GJ/m²，依此可以看出，养老公寓远低于约束值。但是，生态大棚建筑耗热量远高于养老公寓，这主要是因为生态大棚围护结构单薄、保温性能差，以及散热片和连接处阀门漏水、法兰漏水等问题。

图 1.9　室内热环境满意度

两类建筑供暖能耗指标对比　　　　　　　　　　　　表 1.3

| 建筑类型 | 供热面积 /m² | 供热量 /GJ | 建筑耗热量指标 /（GJ/m²） | 建筑供暖能耗指标 /（Nm³/m²） |
|---|---|---|---|---|
| 养老公寓 | 47769 | 8465.87 | 0.18 | 5.0 |
| 生态大棚 | 9728 | 2804.17 | 0.29 | 8.1 |

综合考虑热源和输配系统之后，两类建筑的供暖能耗指标均低于 8.7Nm³/m² 的约束值要求，即使本案例包含了生态大棚这种非居住建筑，仍然达到较低的能耗水平。

# 1.4　总结

本案例采用高效热源全预混低氮冷凝燃气热水锅炉，以及完善的管网设计，立管热平衡在线监控，并配合智慧能源管理系统，在 2020 ～ 2021 年供暖季实现了综合供暖能耗指标低于国标约束值 45.4% 的优秀节能效果，输配效率高达 99.9%。燃气锅炉原本就具有环保、高效的特点，在北方清洁供暖中普遍采用，基于大数据的智慧供热系统进一步提升了整个系统的运行效率，能够有效解决清洁供暖工程中普遍存在的"热源效率高但系统效率低"的问题。

# 2 青岛后海热电厂

王明敏

青岛后海热电有限公司

## 2.1 基本情况

青岛后海热电厂位于青岛市李沧区，为市内唯一采用洁净煤燃料（水煤浆）的热电联产项目，是由青岛开源集团投资建设的市重点工程项目。项目于2004年投入运行，以燃煤蒸汽锅炉为主要热源，锅炉总额定蒸发量580t/h，汽轮机总装机容量为37MW，基本信息汇总如表2.1所示。

供热站基本信息表        表2.1

| 热源类型 | 燃煤蒸汽锅炉 | 所处位置 | 青岛市李沧区 |
|---|---|---|---|
| 供热面积 | 8268227m² | 供热时间 | 2019.11.9 ~ 2020.4.7 |
| 换热站数量 | 124个 | 管网规模 | 一次网141.3km；二次网328.7km |
| 装机容量 | 发电能力37MW<br>供热能力544MW | 2019 ~ 2020年供暖季供热量 | 2279256.57GJ |

青岛后海热电项目目前共有区域热力站（以下简称"区域站"）8座和换热子站124个。供热面积8268227m²，主要负责胶州湾以东、太原路以北、四流中路以东、李村河以北、黑龙江路以西、虎山及营子河以南区域冬季集中供暖。

热电联产系统流程设计方案为以热定电：热源锅炉产生的高温蒸汽一部分在热源站内经过汽水换热器加热一次管网，然后在各个区域换热站经过水水换热器与二次网换热，最终二次网进入各个热用户。同时，锅炉产生的部分高温蒸汽推动两台汽轮发电机组发电，本系统以冬季供热为主，发电量较小，本案例仅对供热部分进行分析。

# 2.2　技术系统情况

## 2.2.1　热源

青岛后海热电厂设有 2 台水煤浆锅炉、1 台循环流化床锅炉、1 台煤粉锅炉，多台锅炉并联运行，总蒸发量 580t/h，技术参数如表 2.2 所示：

锅炉技术参数　　　　　表 2.2

| 设备名称 | 型号 | 技术参数 | 数量 |
|---|---|---|---|
| 水煤浆锅炉 | WGZ130/5.3-1 | 额定蒸发量：130t/h；额定蒸汽压力：5.3MPa；额定蒸汽温度：450℃ | 2 台 |
| 循环流化床锅炉 | UG-130-5.3-M | 额定蒸发量：150t/h；额定蒸汽压力：5.3MPa；额定蒸汽温度：450℃ | 1 台 |
| 煤粉锅炉 | CG-170/5.30-M | 额定蒸发量：170t/h；过热蒸汽压力：5.3MPa；过热蒸汽温度：450℃ | 1 台 |

水煤浆是一种由 70% 左右的煤粉，30% 左右的水和少量药剂混合制备而成的液体，可以像石油一样泵送、雾化、储运，并可直接用于各种锅炉、窑炉的燃烧。由于其燃烧充分，水煤浆被视为清洁能源，具有巨大的综合效益。近几年来，采用废物资源化的技术路线后，研制成功的环保水煤浆，可以在不增加费用的前提下，大大提高环保效益。在我国煤炭为主的能源结构下，水煤浆将逐渐发展为可替代石油、天然气等能源的最基础、最经济的能源之一。

水煤浆锅炉较之于传统流化床和煤粉锅炉可视为清洁热源，是以水煤浆作为燃料，供浆泵将水煤浆送入燃烧器，经压缩空气或蒸汽雾化后，在炉膛内进行稳定燃烧。燃烧后产生的高温烟气经锅炉管束、省煤器等，与被加热介质进行热交换，然后经锅炉尾部除尘器净化达到环保标准后，再经引风机送入烟囱排入大气。青岛后海热电有限公司率先在青岛市引入先进环保的水煤浆锅炉作为集中供热的热源，对保护李沧区大气环境，服务李沧区经济，改善当地人民生活居住环境起到了重要作用。本案例所采用的三种类型锅炉如图 2.1 所示。

## 2.2.2　热网

热源首站设置 4 台汽水换热器，分别为 2 台基本换热器，2 台尖峰换热器，均为立式波节管汽水换热器，设备参数如表 2.3 所示，另设有 2 台凝结水回收器用于余热回收，首站系统流程如图 2.2 所示。一次网与二次网的子换热站采用普通板式换热器，系统内分 8 个区域站换热站，共 124 个换热子站，换热站供热规模为 1 万 ~ 10 万 m² 不等。

图 2.1　热源锅炉类型（从左到右：水煤浆炉、流化床炉和煤粉炉）

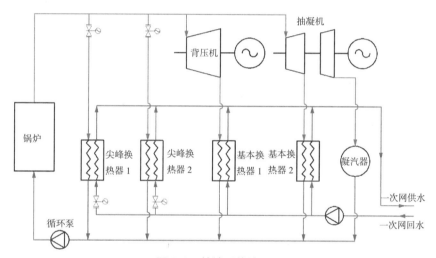

图 2.2　首站系统流程图

首站换热设备参数　　　　　　　　　　　　　　　表 2.3

| 设备 | 数量 | 型号 | 技术参数 | 安装日期 |
|---|---|---|---|---|
| 基本换热器 | 1 台 | QBHQS-309/1300-4.0-2.5/1.6-L | 换热面积：309m²；管壳直径：1300mm；管束长度：4.0m；工作压力：2.5MPa/1.6MPa | 2009 年 |
| 基本换热器 | 1 台 | LRJL1300-335 | 换热面积：309m²；管壳直径：1300mm；管束长度：4.0m；工作压力：2.5/1.6MPa | 2012 年 |
| 尖峰换热器 | 2 台 | QBHQS-701/1600-5.5-2.5/1.6-L | 换热面积：704m²；管壳直径：1600mm；管束长度：5.5m；工作压力：2.5/1.6MPa | 2009 年 |

　　根据室外气象参数的变化，供热管网可实现动态优化调节，调整供回水温度以及流量，保证热源和输送泵的高效运转。一次网和二次网在 2019 ~ 2020 年

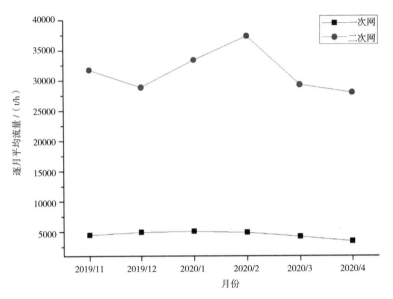

图2.3　2019～2020年供暖季管网逐月平均流量

采暖季逐月的平均流量如图2.3所示。

各个区域站为应对区域气温变化，分别对二次网供水温度进行实时调控，因此，各区域站供水温度各不相同，如表2.4和图2.4所示。本案例供热面积较大，覆盖区域范围广，热用户建筑类型、建筑结构、围护结构保温性能等方面都存在差异，实际热量需求波动较大，各区域供热管网的实时动态调节成为关键。借助于大数据与计算机技术，能够对供热管网热平衡情况进行监测，通过各类

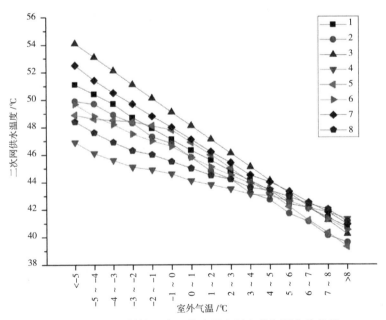

图2.4　8个区域站二次网供水温度随室外气温变化曲线

传感器采集数据，实时反馈至控制中心，再结合气象预报数据，能够提前应对热量需求的波动。

不同区域二次网供水温度　　　　　　　　　　　表2.4

| 室外气温 /℃ | 8个区域站二次网供水温度 /℃ | | | | | | | |
|---|---|---|---|---|---|---|---|---|
| | 1 | 2 | 3 | 4 | 5 | 6 | 7 | 8 |
| < −5 | 51.1 | 49.9 | 54.1 | 46.9 | 48.9 | 49.7 | 52.5 | 48.4 |
| [−5, −4) | 50.4 | 49.7 | 53.1 | 46.1 | 48.6 | 48.8 | 51.4 | 47.6 |
| [−4, −3) | 49.7 | 48.9 | 52.1 | 45.6 | 48.5 | 48.2 | 50.5 | 46.9 |
| [−3, −2) | 48.7 | 48.3 | 51.1 | 45.1 | 48.4 | 47.5 | 49.7 | 46.3 |
| [−2, −1) | 47.9 | 47.3 | 50.1 | 44.9 | 48.1 | 47.0 | 48.8 | 46.0 |
| [−1, 0) | 47.1 | 46.8 | 49.1 | 44.6 | 47.8 | 46.6 | 48.0 | 45.5 |
| [0, 1) | 46.3 | 45.8 | 48.1 | 44.1 | 46.9 | 45.8 | 47.1 | 45.0 |
| [1, 2) | 45.6 | 44.8 | 47.1 | 43.8 | 46.0 | 45.1 | 46.2 | 44.5 |
| [2, 3) | 44.8 | 44.2 | 46.1 | 43.5 | 45.0 | 44.5 | 45.4 | 44.2 |
| [3, 4) | 44.1 | 43.2 | 45.1 | 43.1 | 44.0 | 43.9 | 44.5 | 43.6 |
| [4, 5) | 43.4 | 42.7 | 44.1 | 43.0 | 43.2 | 43.5 | 44.0 | 43.4 |
| [5, 6) | 42.4 | 41.7 | 43.2 | 42.6 | 42.2 | 42.6 | 43.3 | 42.9 |
| [6, 7) | 42.1 | 41.1 | 42.2 | 42.1 | 41.2 | 42.1 | 42.5 | 42.4 |
| [7, 8) | 41.4 | 40.1 | 41.2 | 41.8 | 40.3 | 41.3 | 41.8 | 42.0 |
| > 8 | 40.7 | 39.6 | 40.2 | 41.3 | 39.3 | 40.5 | 40.9 | 41.1 |

### 2.2.3　热用户

经过改造，目前所供热区域内 11.46% 的住户安装了热量计量装置，末端形式采用挂片散热器和地暖形式，如图2.5所示，分别占到 67.2% 和 32.8%。不同小区建成年代差别大，围护结构保温性能参差不齐，热量需求差异大，为

图 2.5　挂片散热器和地暖

整个系统的热力平衡带来挑战。其中包括既有建筑 54690 户、单管串联用户 868 户。建筑供暖能耗与建筑功能和人员行为模式密切相关，本案例的热用户类型众多，体现在建筑功能的差异以及室内人员作息和行为的差异。建筑类型具体包含居住建筑（如沧顺路社区）、办公建筑（如保利中央公园）、学校建筑（如升平路小学）、商业建筑（如康杰汽车城）、医院建筑（如红十字医院）等类型，这些差异都对整个供暖系统的热力平衡带来巨大挑战。

## 2.3　运行能效分析

青岛后海热电厂 2019 ～ 2020 年供暖季综合能耗情况如表 2.5 所示，其中总电耗按照供电煤耗（0.32kgce/kWh）折合为标煤，计入供暖能耗。

2019 ～ 2020 年供暖季能耗情况统计      表 2.5

| 项目 | 数值 |
|---|---|
| 供热面积 /m² | 8268227 |
| 建筑用热量 /GJ | 2279256.6 |
| 热源产热量 /GJ | 2684636.7 |
| 燃煤消耗总量 /tce | 123517.1 |
| 总耗电量 /kWh | 7376277 |
| 总耗水量 /t | 356613 |
| 折合总能耗 /tce | 88245.99 |
| 烟分摊单位面积供热能耗 /（kgce/m²） | 6.1 |
| 单位热量供热能耗 /（kgce/GJ） | 49.8 |
| 热源热效率 /% | 74.3 |
| 管网输配效率 /% | 84.9 |
| 供热系统总热效率 /% | 63.0 |

为了进一步分析用户情况，将 8 个区域站分别进行对比分析，供热面积和供热量情况如图 2.6 所示。

根据《民用建筑能耗标准》GB/T 51161—2016 中的规定，利用气象数据修正后的青岛市的建筑供暖能耗指标约束值为 6.2kg ce/m²，并采用规定的烟分摊法计算得出的本案例指标为 6.1kg ce/m²，达到约束值要求。

为准确评估供热系统能效，除考虑建筑供暖系统综合性指标以外，对建筑耗热量、输配系统能耗和热源能耗进行单独分析，具体计算情况如下。

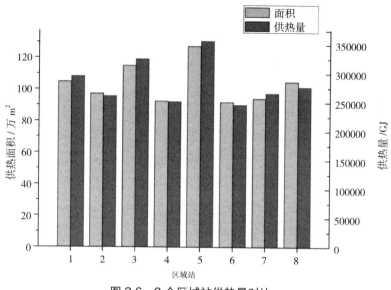

图 2.6　8 个区域站供热量对比

### 2.3.1　热源能耗

　　热源能耗指标定义为全年热源供热所消耗的能源与供热量的比值，本案例将此处的供热量定义为出厂热量，经过计算，热源能耗指标为 41.4kg ce/GJ，比《民用建筑能耗标准》GB/T 51161—2016 中的约束值 43kg ce/GJ 略低 3.7%。除此之外，热源首站出厂热效率达到了 74.3%，对于燃煤锅炉为热源的供热站来讲处于较高水平，得益于 44.8% 的水煤浆锅炉热源占比。

### 2.3.2　输配系统能耗

　　针对 2019 ~ 2020 年供暖季的完整数据进行分析，逐月管网热量损耗如表 2.6 所示。本案例全系统 2019 ~ 2020 年供暖季总补水量 356613t。

管网损失统计表　　　　　　　　　　　　　　　　　　表 2.6

|  | 11 月 | 12 月 | 1 月 | 2 月 | 3 月 | 4 月 | 平均 |
|---|---|---|---|---|---|---|---|
| 管网热量损耗 /% | 24.68 | 12.85 | 12.92 | 15.20 | 14.93 | 15.00 | 15.08 |
| 补水率 /% | 0.32 | 0.28 | 0.29 | 0.23 | 0.27 | 0.27 | 0.28 |

　　由表 2.6 可以看出，综合管网热损失率高达 15.08%，而《民用建筑能耗标准》GB/T 51161—2016 中的约束值仅为 5%，本案例的管网输配能耗为标准要求的 3 倍左右。究其原因，整个系统管网老化损坏情况严重，造成跑冒滴漏现象，管网保温破损严重，有裸管现象，从而损失大量热量，另外，根据相关调查，

传统散热器存在住户放水的现象。一次和二次网累计长度达到了470km，管道的更新和维护难度大，区域之间又存在相互协调管理以及推诿责任的问题，综合导致输配能耗过大。

### 2.3.3 建筑耗热量

建筑耗热量指标是对建筑本体节能性能以及建筑楼内运行调节性能的综合评价指标，是指为满足冬季室内温度舒适性要求，在一个完整供暖期内需要向室内提供的热量除以建筑面积所得到的能耗指标，用以考核建筑围护结构本身的能耗水平及楼内运行调节状况。

经计算，本案例的建筑耗热量指标为0.19GJ/（$m^2 \cdot a$），《民用建筑能耗标准》GB/T 51161—2016 中经修正的青岛地区约束值为0.2GJ/（$m^2 \cdot a$），本案例热用户的建筑耗热量达到节能水平。

# 2.4　总结

青岛后海热电项目为典型的城区大规模热电联产供暖形式，通过热电的梯级利用，从而实现效率的提升，也是我国北方传统集中供暖形式的主要转变方向。通过对2019～2020年供暖季整个供暖系统的实际监测，最终综合能耗指标达到了6.1kgce/$m^2$，在同类集中供暖项目中处于较低水平。与此同时，清洁水煤浆的应用，在提高效率的同时保证了供暖的环保水平，本案例可为我国北方传统燃煤集中供暖的转型提供参考。

# 3 郭家新村清洁能源站

赵仁强

青岛开源胶州热电有限公司

## 3.1 基本情况

郭家新村清洁能源站隶属于青岛开源胶州热电有限公司，位于胶州市九龙街道办事处郭家新村小区北侧，负责郭家新村小区的集中供热。项目占地面积300m²，包括一座1层160m²设备用房及一处空气源热泵场地，空气源热泵场地位于设备用房南侧，露天布置12台燃气空气源热泵，占地140 m²。设备用房内设置1台350kW燃气超低氮冷凝真空热水机组，保证最冷天气下的稳定供暖。热源设备现场如图3.1所示，基本信息汇总如表3.1所示。

供热站基本信息表　　　　　　　　　　　　　　　　表3.1

| 热源类型 | 燃气空气源热泵＋燃气超低氮冷凝真空热水机组 | 所处位置 | 胶州市 |
|---|---|---|---|
| 供热面积 | 9002.65m² | 供热时间 | 2018.11.16 ～ 2019.4.5 |
| 热泵额定制热量 | 64kW/台（共计12台） | 2018 ～ 2019年供暖季供热量 | 1633GJ |

图3.1 燃气空气源热泵机组（左）和能源站机房（右）

# 3.2　技术系统情况

郭家新村清洁能源站采用燃气空气源热泵为主，燃气超低氮冷凝真空热水锅机组为辅的运行方式。相对于传统区域供热而言，本案例规模较小，热力站与热用户距离短，输配管网损耗非常小。

## 3.2.1　热源

根据小区采暖需求，郭家新村清洁能源站采用 12 台燃气空气源热泵作为主要热源，选用 1 台 350kW 燃气超低氮冷凝真空热水机组作为调峰热源，系统主要设备及其参数见表 3.2。

系统热源主要设备技术参数　　　　　　　　　　表 3.2

| 序号 | 设备名称 | 规格 | 单位 | 数量 |
|:---:|:---|:---|:---:|:---:|
| 1 | 燃气超低氮冷凝真空热水机组 | YHZRQ-30；额定制热量：350kW | 台 | 1 |
| 2 | 燃气空气源吸收式热泵机组 | VICOT GAP；制热量：64kW | 台 | 12 |
| 3 | 补水泵 | 流量：2.6m³/h；扬程：37m（H₂O） | 台 | 2 |
| 4 | 循环泵 | 流量：80m³/h；扬程：28m（H₂O） | 台 | 2 |
| 5 | 全自动软水器 | GA-1Q；处理水量：0.5 ～ 1.4t/h | 套 | 1 |
| 6 | 软化水箱 | 有效体积：$V$=8.0m³ | 个 | 1 |

燃气空气源热泵和燃气超低氮冷凝真空热水机组加热的热水通过二次热网给用户供热，供热系统供水温度为 45℃，用循环泵送至用户，回水温度为35℃。能源站内设快速除污器，内置过滤网将热网内流通水中的杂质拦截下来，经沉淀储存在除污器凹槽内，集中清除，并利用反冲洗原理定期清洗排污。机房与二次网系统损失的水由位于能源站内的软化处理系统对自来水进行软化处理后，向系统内补充。燃气超低氮冷凝真空热水机组与空气源热泵共用供热系统和补水系统。供热工艺流程如图 3.2 所示。

不同于一般电驱动热泵，本案例所用空气源热泵为燃气吸收式，通过燃气发动机系统为压缩机提供能量。吸收式热泵是利用某些具有特殊性质的工质对，通过一种物质对另一种物质的吸收和释放，产生物质的状态变化，从而伴随吸热和放热的过程。

本案例所用的燃气超低氮冷凝真空热水机组内部设密闭腔，腔内盛热媒水（热水机组自带、密闭、无需添加），通过燃烧天然气使热媒水在真空腔内沸腾

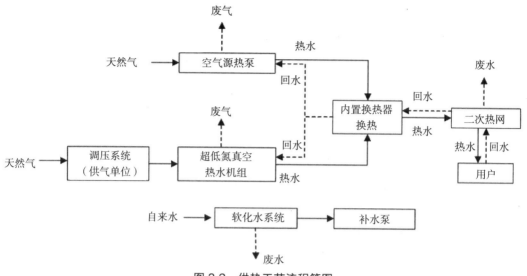

图 3.2　供热工艺流程简图

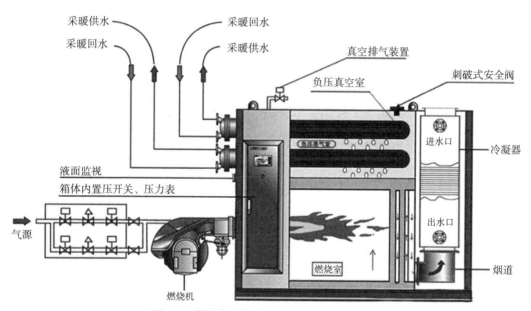

图 3.3　燃气超低氮冷凝真空热水机组原理图

产生负压蒸汽，蒸汽在换热器换热管外凝结，将管内冷水加热升温，由循环泵送至换热器，水蒸气凝结后形成水滴流回热媒水，重新被加热汽化，持续换热以实现循环供热，机组流程如图 3.3 所示。

### 3.2.2　采暖末端

郭家新村供热系统末端采用低温地板辐射系统，末端建筑为 2010 年完工的三步节能建筑，共有住宅楼 9 栋，建筑高 6 层，砖混结构。低温热水地板辐射是采用温度不高于60℃的热水作为热媒,在加热管内循环流动来加热地面,再由地板表面与室内空气和其他表面换热,达到向室内供暖的目的,常见的加热管材料大多为塑料复合管。与其他采暖方式对比,地板采暖属于辐射供暖,热效率高,加热管均匀加热地板,下热上冷,符合人体生理感受,热舒适性高。

在运行过程中燃气空气源热泵作为基础热源,燃气超低氮冷凝真空热水机组则作为补充热源。在供热初期、末期启动燃气空气源热泵供热;当空气源热泵供热不足时,则启动燃气热水机组作为补充,与热泵同时进行供热。这种联合运行模式既保证了燃气空气源热泵高效节能特点的最大化利用,也保证了供热系统对外输送热量的稳定性。

## 3.3　运行能效分析

为检验郭家新村能源站的供暖运行效果,于2018 ~ 2019年供暖季对能源站进行性能监测,供暖时间为2018年11月16日至2019年4月5日。供暖季室外温度变化情况如图3.4所示。从图中可以看出,最低温度区间出现在1月末到2月初,日平均气温低于-5℃。对于空气源热泵来说,无论是电力驱动还是燃气驱动,随着室外气温的下降,机组性能都会下降,制热能力不足,供水温度下降。因此,采用空气源热泵的北方清洁供暖项目中,几乎都需要设置辅助热源来补充每年冬天最冷月的供热量,根据室外气温和建筑热负荷的变化,机组的开启情况和运行策略也会随之调整。

本案例根据胶州市气象条件(如图3.4所示)和建筑热负荷特点,2018 ~ 2019年供暖季分为三个阶段:初期为11月16日至12月15日;中期为12月16日至次年2月28日;末期为3月1日至4月5日。

供热初期、末期仅开启空气源热泵,中期较冷天气空气源热泵与燃气锅炉并联全部启动运行。系统采用了控制回水温度范围的控制运行策略,回水的温度范围可根据室外气温自行设定上下限,热泵根据回水温度自动运行调节。在测试期间的供回水温度动态变化情况如图3.5和图3.6所示。

从图中可以看出,供暖初期供回水温度变化波动不大,但是在供暖中期,由于室外气温急剧下降,热泵机组供回水温度也相应下降,最高温度由42℃ /35℃降至38℃ /32℃,此时必须采用燃气锅炉补充供热量。在供暖末期,由于气温显著升高,热负荷降低,机组自控系统主动降低供回水温度。综上所述,

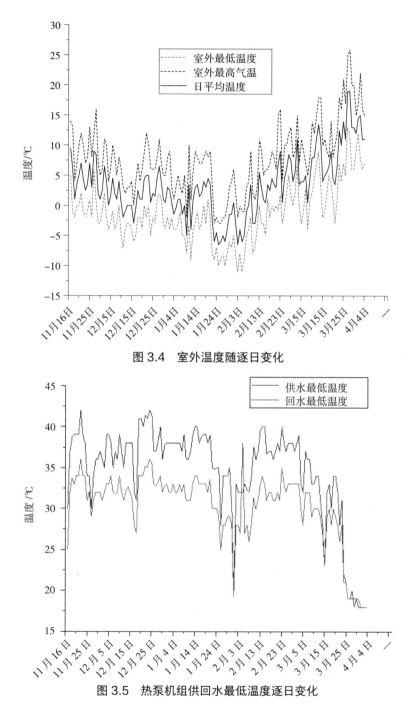

图 3.4　室外温度随逐日变化

图 3.5　热泵机组供回水最低温度逐日变化

整个供暖季机组的供回水温度存在两次显著下降，分别是由于室外气温过低导致的被动下降和由于热负荷降低造成的机组主动降温。

2018 ~ 2019 年郭家新村清洁能源站能效分析如表 3.3 所示（不考虑补充热源），计算燃气驱动热泵机组时，气耗与电耗按照《民用建筑能耗标准》GB/T 51161—2016 折算，折算系数为 $0.2Nm^3/kWh$。

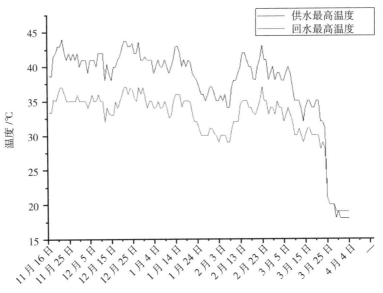

图 3.6 热泵机组供回水最高温度逐日变化

郭家新村清洁能源站能效分析　　　　　　　　　　　　　　　　　　表 3.3

| 能效参数 | 分期运行 | | | 合计 |
|---|---|---|---|---|
| | 初期 | 中期 | 末期 | |
| 热泵机组总电耗 /kWh | 77383 | 215325 | 43738 | 336446 |
| 水泵能耗 /kWh | 5267 | 13167 | 5226 | 23660 |
| 总能耗 /kWh | 82650 | 228492 | 48964 | 360106 |
| 供热量 /kWh | 106619 | 283330 | 63785 | 453734 |
| 机组性能系数 | 1.32 | 1.26 | 1.37 | 1.29 |
| 系统性能系数 | 1.29 | 1.24 | 1.31 | 1.26 |

从表 3.3 可知，2018 ～ 2019 采暖季，机组的平均性能系数为 1.29，在供暖末期最大可达到 1.37。标准《公共建筑节能设计标准》GB 50189—2015 中对直燃机供热工况的规定，要求名义工况性能系数 ≥ 0.9，本案例机组平均性能系数高出标准规定 43.3%。

在《民用建筑能耗标准》GB/T 51161—2016 中，对以燃气为主的小区集中供暖能耗指标修正后的约束值为 8.1Nm³/m²，而本案例所有能耗换算为标准天然气的能耗指标为 8.0Nm³/m²。除此之外，标准中修正后的建筑耗热量指标约束值为 0.20GJ/m²，本案例为 0.18GJ/m²。由此可见，本案例热源形式较好，燃气机组既环保又高效，节能效果良好。

# 3.4　总结

郭家新村清洁能源站是小规模小区供暖的典型代表，空气源热泵也是北方清洁供暖的主要形式，同时为了提供稳定的供热能力，配备了燃气热水机组作为辅助热源，在保证高效和环保的同时提升供暖稳定性。通过对 2018 ~ 2019 年供暖季的数据分析，整个系统的供暖性能系数平均为 1.26，机组平均性能系数达到 1.29，满足标准要求。

# 4 卞家庄清洁能源站

赵仁强
青岛开源胶州热电有限公司

## 4.1 基本情况

卞家庄清洁能源站位于山东省胶州市，隶属于青岛开源胶州热电有限公司，主要负责卞家庄社区的集中供热。卞家庄社区位于胶州市海尔大道西侧，香港路以南，总建筑面积 3 万 $m^2$。

卞家庄能源站 2017 年以前使用 1.6MW 燃煤热水锅炉供热，2017 年经过绿色改造后，热源采用电空气源热泵机组，设置 10 台低温空气源热泵，环境温度为 –5℃时，单台制热量为 75.9kW，如图 4.1 所示。同时采用市政一次网高温热水作为应急备用热源，应对极寒天气和突发故障，末端建筑用户采用地板辐射采暖。能源站基本信息汇总如表 4.1 所示。

图 4.1 卞家庄空气源热泵机组

能源站基本信息表 表 4.1

| 热源类型 | 空气源热泵＋市政热力 | 所处位置 | 胶州市 |
|---|---|---|---|
| 实际供热面积 | 12000m² | 供热时间 | 2018.11.16 ～ 2019.4.5 |
| 额定制热量 | 75.9kW（共计 10 台） | 2018 ～ 2019 年供暖季供热量 | 3244GJ |

空气源热泵在建筑节能中的作用和意义重大，随着"煤改电"国家战略的提出，高效、节能、环保的空气源热泵采暖逐步受到人们的青睐。末端采用地板辐射采暖，舒适性的优势也得到了越来越多的人的认可。相较于传统的集中供热系统，空气源热泵结合地板采暖系统具有以下优点：

（1）采暖空调一体化，初始投资低。系统以空气源热泵为冷热源，既解决了夏季空调供冷的需要，又可以在冬季给地板采暖提供低温热水。供暖制冷一体化，为用户降低初投资，同时热泵机组无需专用机房或仅需设置小泵房，可任意放置，不占用建筑的有效使用面积，施工安装十分简便。

（2）高效节能。系统所采用的空气源热泵本身就是高效节能的热源，低温热水供暖，使得系统效率进一步提升。

（3）低碳无污染。由于系统能源消耗只有电能，不需要燃烧传统化石燃料而产生污染和二氧化碳，是一种清洁、安全的采暖方式。

## 4.2 技术系统情况

由于本案例采用空气源热泵集中供暖，且热源位于负荷中心，输配系统简单，管网长度小，下面主要分析热源与末端两部分。

### 4.2.1 空气源热泵机组

卞家庄社区统一由能源站的电空气源热泵机组提供热水供热，供热流程图如图 4.2 所示。项目能源站机房内设置 10 台电空气源热泵机组，环境温度 –5℃时，单台制热量 75.9kW，环境温度 –10℃时，单台制热量 68.8kW。机房内的循环泵、补水泵均设置两台，低负荷状态一用一备，高负荷状态两台并联运行，均采用变频控制。

热泵机组供 / 回水温度为 45℃ /35℃，符合《辐射供暖供冷技术规程》JGJ 142—2012 有关内容规定。供热均采用一次网直供方式，设定总回水温度，热

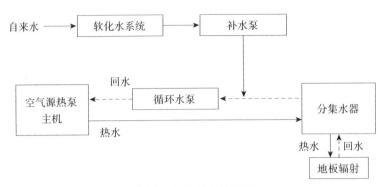

图 4.2 供热系统流程图

泵机组自动运行控制策略，供热初期、末期空气源热泵部分启动，供热中期，空气源热泵全部启动运行。在严寒期，空气源热泵制热量不足时，采用市政一次网高温热水作为应急备用热源。设备主要参数如表 4.2 所示。

热泵机房主要设备材料表　　　　　　　　　　　　　　　　表 4.2

| 设备名称 | 型号 | 性能参数 | 数量 | 备注 |
|---|---|---|---|---|
| 电空气源热泵机组 | EKAH300CHS1 | 单台制热量：75.9kW（供回水温度 45/35℃、环境温度 –5℃）<br>单台制热量：68.8kW（供回水温度 45/35℃、环境温度 –10℃）<br>单台制热额定功率：24kW | 10 台 | |
| 补水泵 | CR3–6 | 流量：2.6m³/h；扬程：37m（H₂O）；功率：0.55kW | 2 台 | 一用一备 |
| 循环泵 | TP100–320/4 | 流量：80m³/h；扬程：28m（H₂O）；功率：15kW | 2 台 | 一用一备 |
| 全自动软水器 | GA–1Q | 处理水量：0.5 ~ 1.4t/h | 1 套 | |
| 软化水箱 | – | 有效体积：$V$=8.0m³ | 1 个 | |

### 4.2.2 地板辐射采暖

　　卞家庄社区为 2010 年完工的 6 层砖混住宅建筑，社区包括 8 栋住宅楼、一栋酒店、一座别墅及一家环保公司。供热末端采用低温热水地板辐射供暖，地板采暖由于节能和舒适性显著，近年来在北方发展迅速，受到用户的好评。地板采暖主要有以下优点：

　　（1）节能。较之传统的散热器采暖方法，地板供暖系统供水温度低，提高了热源的效率，热水传送过程中热量的消耗也少。地板采暖主要依靠辐射传热，室内体感温度要比采用散热器时高 1 ~ 2℃。

　　（2）舒适性增强。由于辐射采暖提高了室内的平均辐射温度，使得人体的辐射散热量大大减少，从而增强人体舒适度。

# 4.3 运行能效分析

## 4.3.1 系统能效

为评估卞家庄能源站的供暖运行效果，于 2018 ～ 2019 年供暖季对能源站进行能效监测，供暖时间为 2018 年 11 月 16 日至 2019 年 4 月 5 日。供暖季室外温度变化情况如图 4.3 所示，从图中可以看出，整个供暖季室外气温变化波动大，在 1 月中旬到 2 月中旬，室外环境温度较低，日平均温度处在 -7 ～ 3℃ 范围内。由于该能源站空气源热泵开启台数可以随时调整，并且在最冷天需要市政热力补充供暖，因此根据室外气温变化，采用不同的分期运行策略，供暖初期为 2018 年 11 月 16 日 ～ 12 月 15 日，中期为 2018 年 12 月 16 日 ～ 2 月 28 日，末期为 2019 年 3 月 1 日 ～ 4 月 5 日。

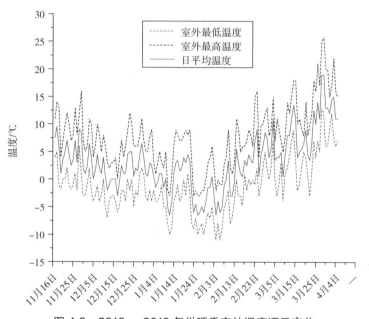

图 4.3　2018 ～ 2019 年供暖季室外温度逐日变化

供暖初末期采用空气源热泵机组供热，在严寒期最冷时间段，机组制热能力下降，使用市政一次网高温热水，通过板式换热器补充热量。本案例采用控制回水温度运行策略，回水的温度范围根据室外气温自行设定上下限，热泵根据回水温度自动运行调节。在测试期间的供回水温度动态变化情况如图 4.4、图 4.5 所示。

从图 4.4 和图 4.5 可以看出，中期供回水温度随时间变化波动不大，初期和末期变化明显，尤其在采暖季末期时，室外气温明显上升，供水最低温度仅有 18℃。严寒期，天气比较寒冷时，供回水最高、最低温度都有所上升，供水

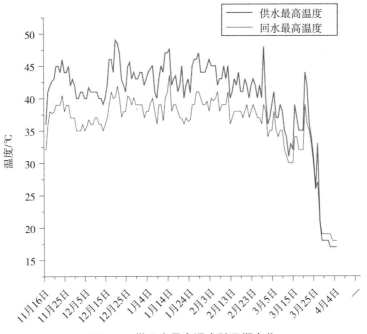

图 4.4　供回水最高温度随日期变化

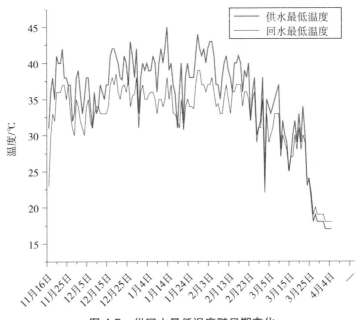

图 4.5　供回水最低温度随日期变化

温度最高达到了 48℃，回水温度最高达到了 43℃，满足实际供暖需求。

按分阶段供暖运行策略计算，2018 ～ 2019 年供暖季卞家庄清洁能源站单台机组能效分析如表 4.3 所示。从表中可以看出，空气源热泵机组性能受室外低温影响较大，温度越低，性能越差，出水温度越低。在较寒冷情况下，机组除霜比较频繁，机组能耗过高、性能系数下降。

卞家庄村清洁能源站单台机组能效分析　　　　表 4.3

| 能效参数 | 分期运行 | | | 合计 |
|---|---|---|---|---|
| | 初期 | 中期 | 末期 | |
| 热泵机组能耗 /kWh | 3521 | 2430 | 191 | 6142 |
| 水泵能耗 /kWh | 130 | 130 | 110 | 370 |
| 总能耗 /kWh | 3651 | 2560 | 301 | 6512 |
| 供热量 /kWh | 8385 | 4988 | 506 | 13879 |
| 机组性能系数 | 2.38 | 2.05 | 2.65 | 2.26 |
| 系统性能系数 | 2.30 | 1.95 | 1.68 | 2.13 |

本案例空气源热泵机组制热量共 1435.5GJ, 一次网补充热量共 1808.5GJ, 最终计算得出建筑耗热量指标为 $0.27GJ/m^2$, 相对于《民用建筑能耗标准》GB/T 51161—2016 中的约束值 $0.21GJ/m^2$, 高出 22.2%。建筑耗热量指标是对建筑本体节能性能以及建筑楼内运行调节性能的综合评价指标, 用以考核建筑围护结构本身的能耗水平及楼内运行调节状况。因此, 本案例用热建筑节能性能有待提升, 但热源形式具有高效环保的显著特点。

### 4.3.2　供暖成本

2018 ~ 2019 年供暖季机组用电成本为 22.39 万元, 系统总电费为 23.82 万元, 市政补热成本约 12.67 万元, 最终供暖成本为 30.41 元 $/m^2$。

# 4.4　总结

空气源热泵在清洁供暖方面有着巨大优势:以空气为冷热源, 适用范围广泛;采暖供冷一体化, 节约初投资;以少量电能作为驱动, 绿色无污染;节能高效。所以, 就热源角度来说, 空气源热泵是我国北方地区清洁供暖的最佳方案之一。但是总体效果取决于合理的设计和优化的运行策略, 从而最大限度发挥系统高效节能优势。从末端角度来看, 由于用户对室内舒适性的要求越来越高, 地板供暖负荷由下至上的温度分布, 采用地板辐射采暖已成为大部分人的选择。本案例机组平均性能系数达到了 2.26, 系统性能系数达到了 2.13, 满足标准要求, 达到了良好的效果, 验证了在寒冷甚至严寒地区推广应用低温空气源热泵的可行性。

# 5 天津蓟州区集中供暖

王洪伟　付强
天津市蓟州区恒源热电有限公司
中国建筑科学研究院天津分院

## 5.1 基本情况

天津市蓟州区城区冬季集中供暖由国华盘山热电厂和大唐盘山热电厂共同负责，热源形式为热电联产，本项目取代了城区内所有分散的小规模燃气锅炉房。大唐电厂和国华电厂位于别山镇102国道北侧，厂区外观如图5.1所示，国华电厂于2013年投入运行，现有2台500MW抽凝机组；大唐电厂于2017年投入运行，现有2台600MW抽凝机组。

图5.1　大唐热电（左）和国华热电（右）

系统流程设计方案为热电联产系统：热源锅炉产生的高温蒸汽在热源站内经过汽水换热器加热一次管网，然后在各个区域换热站经过水水换热器与二次网换热，最终二次网进入各个热用户。2019～2020年供暖季，总供热量为3982322.08GJ，供热面积为1300万 $m^2$，总体情况如表5.1所示。

供热站基本信息表　　　　　　　　　　表5.1

| 热源类型 | 燃煤锅炉热电联产 | 所处位置 | 天津市蓟州区 |
|---|---|---|---|
| 供热面积 | 1300万 $m^2$ | 供热时间 | 2019.11.1～2020.3.31 |
| 换热站数量 | 182个 | 管网规模 | 一次网177km；二次网910km |
| 装机容量 | 2×500MW+2×600MW | 2019～2020年供暖季供热量 | 398.23万GJ |

# 5.2 技术系统情况

## 5.2.1 热源

本案例采用燃煤蒸汽锅炉作为热源，汽轮发电机组采用抽凝式，如图 5.2 所示。抽凝机组是指从汽轮机中抽出一些还未完全做完功的蒸汽到换热器中加热水，再将热水送出厂区用于建筑供暖，其余蒸汽则经过调节阀继续在汽轮机内膨胀做功，蒸汽进去凝汽器。凝结水由水泵送入混合器，然后与来自热用户的回水一起送回锅炉。这种抽气式热电循环的主要优点是能自动调节热电出力，保证供汽量和供汽参数，从而可以较好地满足用户对热、电负荷的不同要求。

图 5.2　热电循环蒸汽抽凝机组

## 5.2.2 热网

本案例共有一次管网 177km，二次管网 910km，换热站 182 个，覆盖供热小区 182 个，共计 1300 万 m²，管网系统如图 5.3 所示。

一次管网设计供回水温度为 120℃ /70℃，二次管网设计供回水参数为：散热器 65℃ /50℃、地暖 50℃ /40℃。水力平衡技术措施：采用热网自控一键平衡系统、水泵节能变频调节及智慧热网等控制管理措施，系统自控界面如图 5.4 所示。

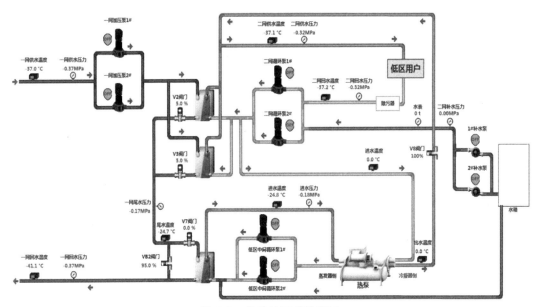

图 5.3　换热站工艺流程图

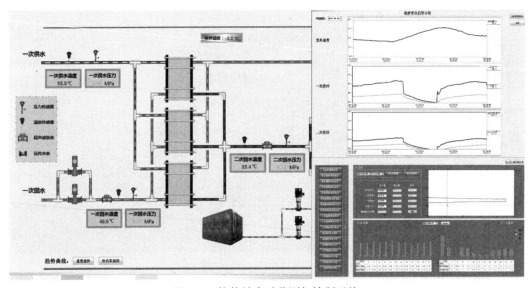

图 5.4　换热站自动监测与控制系统

### 5.2.3　热用户

本案例总供热面积 1300 万 m$^2$，覆盖 182 个小区，末端形式包括散热器、地暖以及少部分风机盘管，其中 16% 为 2000 年以前建成的非节能建筑，74% 为 2007 年后建成的三步以上节能建筑，各部分比例如图 5.5 所示。

### 5.2.4 系统运行策略

本案例供暖初期仅由国华电厂对整个一级管网进行供热。严寒期及末寒期由国华电厂和大唐电厂联合供热，大唐与国华供热量分配比例为 7∶13，如表 5.2 所示。针对这种方案，共分为以下三种工况，供热参数如表 5.3 所示：

1. 管网流量比为 60%，此时供热热源为国华电厂；

2. 管网流量 > 80% 时，此时供热热源为国华电厂及大唐电厂。

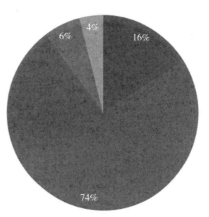

图 5.5　不同节能水平的供暖建筑面积比例

不同运行模式下供热量分配情况　　　　　　　　表 5.2

| 工况 | 热源 | 供热量 /MW | 流量 /（t/h） | 高程 /m（H₂O） | 相对供水压力 /m（H₂O） | 相对回水压力 /m（H₂O） |
|---|---|---|---|---|---|---|
| 1 | 国华电厂 | 272.0 | 4497.68 | 23 | 81.67 | 30 |
| 2 | 国华电厂 | 239.0 | 3952.73 | 23 | 90.77 | 30 |
| | 大唐电厂 | 123.6 | 2044.93 | 23 | 90.77 | 30 |
| 3 | 国华电厂 | 299.0 | 4945.05 | 23 | 103.00 | 30 |
| | 大唐电厂 | 154.3 | 2551.88 | 23 | 102.98 | 30 |

不同运行模式下供热参数　　　　　　　　表 5.3

| 负荷比 | 热负荷 /MW | 供水温度 /℃ | 回水温度 /℃ | 供水压力 /bar | 回水压力 /bar |
|---|---|---|---|---|---|
| 60% | 273.9 | 98 | 46 | 11 | 3 |
| 80% | 362.6 | 98 | 46 | 11 | 3 |
| 100% | 453.2 | 98 | 46 | 11 | 3 |

## 5.3　运行能效分析

根据《民用建筑能耗标准》GB/T 51161—2016（以下简称《标准》）对严寒和寒冷地区建筑供暖能耗的评价方法，对本案例综合建筑供暖能耗指标、建筑耗热量指标、建筑供暖输配系统能耗指标以及建筑供暖系统热源能耗指标进行计算，并与约束值进行对比，从而评价本案例的能耗水平。

供暖系统综合能耗是指一个完整供暖期内，考虑热源、输配系统、热用户三部分的供暖能耗指标。其中总电耗按照供电煤耗（0.32kgce/kWh）折合为标煤，计入供暖能耗，具体计算结果如表 5.4 所示。

2019～2020 年供暖季能耗情况统计      表 5.4

| 供热面积 /m² | 13000000 |
| --- | --- |
| 建筑用热量 /GJ | 3265514.11 |
| 热源产热量 /GJ | 3982322.08 |
| 燃煤消耗总量 /kgce | 152579390 |
| 总耗电量 /kWh | 6010504 |
| 折合总能耗 /kgce | 154502751 |
| 烟分摊单位面积供热能耗 /（kgce/m²） | 7.3 |

根据《标准》中的规定，天津市的建筑供暖能耗指标约束值为 7.3kgce/m²，本案例通过烟分摊法计算得出的指标为 7.3kgce/m²，满足约束值要求。下面根据《标准》分别对建筑耗热量、输配系统能耗和热源能耗进行单独分析。

### 5.3.1 热源能耗

燃煤热电联产电厂全年用燃料总量按照表 5.4 分摊方法计算得到供热能耗。热源能耗指标定义为全年热源供热所消耗的能源与出厂供热量的比值，经过计算，热源能耗指标为 21.8kgce/GJ，略低于《标准》中的约束值 22kgce/GJ。

### 5.3.2 输配系统能耗

本案例一、二次网系统 2019～2020 年供暖季总补水量 105791.7t，通过对比建筑用热量与热源产热量发现，管网热损耗高达 17%，而《标准》中的约束值仅为 5%。由此可以推测，整个系统管网老化损坏情况严重，造成跑冒滴漏现象，从而损失大量热量。另一方面，一次和二次网累计长度达到了 1087km，属于较大规模的区域集中供暖，所以管路维护难度大、成本大，难以保持管道的良好条件，进一步加剧沿程热损耗。

### 5.3.3 建筑耗热量

本案例建筑供热量 3265514.11GJ，供暖面积 1300 万 m²，建筑耗热量指标为 0.25GJ/m²，与《标准》中的约束值相等，因此可以判断，热用户的建筑能耗水平较低。

# 5.4　总结

城市区域集中供暖比分散的小区供暖效率高、能耗低，主要原因在于大容量的锅炉在燃煤形式、燃烧效率、燃料供应等方面均优于小型锅炉。本案例将蓟州城区内的分散热源统一为热电联产形式，并集中由两个大规模热电厂负责冬季供暖，这种对于北方集中供暖的改造趋势，也正是我国城市绿色低碳发展的主要方向之一。本案例的最终建筑供暖能耗指标为 $7.3\mathrm{kgce/m^2}$，达到了标准约束值，在同类项目的横向比较中能够达到较低的能耗水平。

# 6　哈尔滨松江热源中心

那海涛　孙丽颖

哈尔滨物业供热集团有限责任公司

## 6.1　基本情况

哈尔滨松江热源中心位于哈尔滨市香坊区松海路 99 号，于 2005 年改建并于当年投入使用，以燃煤锅炉为主要热源，装机容量为 261MW，年供热量约为 207.22 万 GJ，调度运营中心如图 6.1 所示。供热站具有供热管网 78.07km，热力站 40 座，主要负责西起三合路（原电塔街），东至通乡街，北起三大动力路、进乡街，南至铁路线合围区域内冬季集中供暖。

本案例为传统燃煤集中供暖形式，建造年代久远，系统能耗过高，经过改造，整体运行节能效果显著，相关节能技术包括：改进锅炉机构、增设省煤器和脉冲吹灰器、增加管网自动监测控制系统、维修更新老旧管网等，基本信息汇总如表 6.1 所示。

图 6.1　松江热源调度运营中心外观图

松江热源中心基本信息表　　　　　　　表 6.1

| 热源类型 | 燃煤热水锅炉 | 所处位置 | 哈尔滨市香坊区 |
| --- | --- | --- | --- |
| 供热面积 | 565.06 万 m² | 投入使用时间 | 2005 年 |
| 换热站数量 | 40 个 | 2019 ～ 2020 年供热量 | 207.22 万 GJ |
| 装机容量 | 261MW | | |

## 6.2　技术系统情况

### 6.2.1　热源

松江热源中心以燃煤热水锅炉为主要热源，现有 4 台 46MW、1 台 77MW 热水锅炉，运行周期为 2019 年 10 月 20 日 ～ 2020 年 4 月 20 日，非供热期停止运行。锅炉技术参数见表 6.2，锅炉房场景如图 6.2 所示。

锅炉技术参数　　　　　　　表 6.2

| 设备名称 | 型号 | 技术参数 | 单位 | 数量 |
| --- | --- | --- | --- | --- |
| 热水锅炉 | DZL46-1.25/130/70-A Ⅱ | 额定热功率：46MW；燃料消耗量：11518kg/h；设计热效率：81.3%；锅炉水容量：97m³；锅炉循环水量：650m³/h；额定工作压力：1.25MPa；出水温度：130℃；回水温度：70℃ | 台 | 3 |
| 热水锅炉 | SHW46-1.6/130/70-A Ⅱ | 额定热功率：46MW；额定出水压力：1.6MPa；额定出水温：130℃；额定进口温度 70℃；受热面积：2795m² | 台 | 1 |
| 热水锅炉 | SHW77-1.6/130/70-A Ⅱ | 额定热功率：77MW；额定出水压力：1.6MPa；额定出水温：130℃；额定进口温度 70℃ | 台 | 1 |

经过改造，热源部分采用了以下关键节能技术：

（1）2 号、3 号锅炉炉排更换为煤种适应性更强的往复式炉排，相较于链条炉排，锅炉热效率从 62% 提升至 70%，并且使得燃烧热值较低的煤种也可以达到预计效果。

（2）4 号锅炉新增加高效省煤器，充分利用锅炉上部空间降低排烟温度进而提升锅炉效率。研究表明：锅炉排烟温度每下降 12℃，锅炉效率将提升 1%。按照 4 号锅炉预计每年烧煤量为 4 万 t 计算，新安装省煤器后可以节省燃煤 550 ～ 650t，按照燃煤 565 元 /t 进行测算，每年节省费用约为 34 万元。4 号锅炉增加省煤器施工费用为 36 万元。

（3）本案例在每台锅炉内管束部位安装空气脉冲吹灰器。燃煤锅炉在运行过程中，尾部受热面普遍产生积灰，使烟气阻力增加，排烟温度升高，严重影响锅炉的正常运行。脉冲吹灰器将被污染受热面上的颗粒、松散物、粘合物和沉积物除去，达到降低锅炉尾部排烟温度、提高锅炉热效率的目的，同时，也避免锅炉尾部受热面（烟道）产生二次再燃烧事故。锅炉运行初期时，排烟温度在 140℃左右，当运行至供热中后期后，炉内管束积灰严重，排烟温度上升至 160 ~ 170℃。安装脉冲吹灰器后进行积灰清扫，供暖末期 80d 左右，可保持 160℃排烟温度不变。经计算，单台锅炉后半期 80d 烧煤量约 2 万 t，由于排烟温度整体降低了 20℃，锅

图 6.2　松江热源中心锅炉房

炉阶段性效率提升 1.6% 左右，节煤量约为 320t。按照燃煤 565 元 /t 进行测算，每年节省费用约为 18 万元。单台锅炉施工费用为 24 万元，两年左右即可回收投入成本。

## 6.2.2　热网

松江热源中心共有换热站 40 个，覆盖供热小区 33 个，共计 565.06 万 m²，图 6.3 和图 6.4 展示了华润中央公园换热站的设备情况。一次管网供热设计供回水温度 130℃ /70℃，额定循环水量 3500m³/h。二次管网设计供回水参数根据末端形式分为两类：散热器 65℃ /35℃，额定循环水量 1200m³/h；地板辐射采暖 45℃ /35℃，额定循环水量 1800m³/h。

管网改造同样也是运行能效提升的重点，具体技术措施如下：

（1）松江热源中心不断完善和改进热网远程自控系统。从换热站的所有监测点采集传送数据信号，建立各种信息数据库，能够对运行过程中的各种信息数据进行分析、对比、管理、转换，同时实时显示热网水压图、水耗、电耗、供热量的分配等需要控制的重要参数和图表，再配合人工操作，通过查找历史数据、分析研究热力分配等，提升管网的优化程度。目前自控系统在原人工手动控制的基础上可以节能 10% ~ 20%，并且可以节约大量的人力资源，大大降低运营成本。

（2）合理分配热量是提效节能的关键。松江热源调度运营中心每日根据室

图6.3 华润中央公园换热站换热器

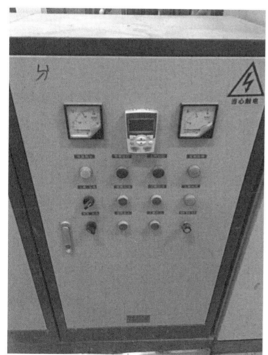

图6.4 华润中央公园换热站换分布式变频器和分布式水泵

外平均温度、建筑面积以及供热指标对热源中心和各营业部下达当天的供热量及流量参数要求。利用远程自控系统分析历年供热数据，合理地分配热量，同时参考小区建成年限、供热形式、围护结构保温性能以及各小区不同的民情需求，采取不同的流量分配系数。在有较大室外温度变化时及时调整流量，并用调整后的流量与近几年同期温度的实际流量进行比对，重点关注流量偏大的小区及回水温度过高的小区，对差距较大的小区进行实地走访测温，再对该小区流量进一步调整。供热末期时根据室外平均温度进行分时段的降频调节，合理化地控制住户室内气温，以达到提效节能的目的。

（3）松江热源中心供热区域覆盖的老旧小区及单体楼较多，管线建成年代久远，单元楼道内供热管道保温存在不同程度破损情况，在传输过程中造成一定的热量损失。通过对单元楼内管道进行保温，降低沿程损耗，同时对于室内管线及阀门，最大限度地将其包裹起来以减少金属散热造成的热损失。针对部分换热站管网管线及阀门裸露问题，采用保温棉进行包裹处理。

（4）及时对管网进行漏点检查修补处理，通过降低失水量减少热网的沿程损失。

### 6.2.3　热用户

本案例供热面积 562.44 万 m²，主要覆盖小区 33 个，其中 10% 为 1991 年以前建成的非节能建筑，74% 为 2008 后建成的三步以上节能建筑，所有比例如图 6.5 所示。经调研末端形式主要为散热器和地暖，约 62.99% 面积区域采用地暖供热，约 37.01% 面积区域采用散热器供热。

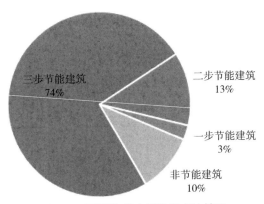

图 6.5　不同节能水平建筑占比情况

# 6.3　运行能效分析

本案例 2019 ~ 2020 年供暖季整个系统的综合能耗情况如表 6.3 所示。

其中，最终的供暖能耗指标为 18.5kgce/m²，而《民用建筑能耗标准》GB/T 51161—2016 的约束值为 11.4kgce/m²，本案例高出了 62.3%。实际上，相关调研数据和文献指出，严寒地区燃煤锅炉单位供暖面积煤耗约为 25.7kgce/m²，经过横向对比，本案例经过改造之后的节能效果明显，低出平均能耗水平 28%，这说明整个系统能耗水平较低。为了进一步明确各个环节的运行效果，接下来将分别分析热源、输配系统和供暖建筑的能耗水平。

2019～2020年供热季能耗情况统计　　　　表 6.3

| | |
|---|---|
| 供热面积 / 万 m² | 565.06 |
| 总用热量 / 万 GJ | 207.22 |
| 热源产热量 / 万 GJ | 222.24 |
| 燃煤消耗总量 / 万 tce | 11.17 |
| 总耗电量 / 万 kWh | 1417.60 |
| 总耗水量 / 万 t | 22.88 |
| 折合总能耗 / 万 tce | 11.60 |
| 单位面积供热能耗 / ( kgce/m² ) | 18.5 |
| 热源热效率 /% | 68.0 |
| 管网输配效率 /% | 93.2 |
| 供热系统总热效率 /% | 63.4 |

### 6.3.1　热源能耗

2019～2020 年供暖季，本案例热源共产热 222.24 万 GJ，供暖季耗煤 15.63 万 t，折合 11.17 万 tce，电耗量 6700000kWh，折合 2056.9tce。经计算，热源能耗指标为 51kgce/GJ，而《民用建筑能耗标准》GB/T 51161—2016 的约束值为 22kgce/GJ。由此可见，本案例热源站综合效率并不高，尽管对传统老式燃煤锅炉进行了部分改造，但相对于当前先进的水煤浆锅炉等技术，低效燃煤形式仍旧遗留了效率过低的问题。

### 6.3.2　热网输配效率和损失

2019～2020 年供暖季，一次网补水 46773t，二次网补水 182047t。输配管网总电耗 7476020kWh，供暖系统管网水泵电耗指标为 1.3kWh/m²，相对于《民用建筑能耗标准》GB/T 51161—2016 的约束值 2.5kWh/m²，低出了 48%，同时经过计算，管网热损失率指标为 6.8%，略高出标准约束值 5%。由此可见，本案例在供暖管网运行调控上的改造十分有效，热网远程自控系统充分发挥了降低能耗的作用。

### 6.3.3　建筑耗热量

《严寒和寒冷地区居住建筑节能设计标准》JGJ 26—2010 中第 5.2.9 条规定："集中供热系统中建筑物的热力入口处，必须设置楼前热量表。"对于建造年代较早没有安装楼栋热量表的建筑，在测算指标时，使用热力站供热区域平均耗热量指标，并对庭院管网散热损失因素修正，基于实际测试庭院管网热损失率为 2%～10%，根据标准中要求，修正系数取 0.98，气象修正系数取 0.93。由此，

2019 ~ 2020 年供暖季，供暖面积 5650600m$^2$，建筑总耗热量 2072200GJ，建筑耗热量指标为 0.33GJ/m$^2$，低于《民用建筑能耗标准》GB/T 51161—2016 的约束值 0.39GJ/m$^2$，低出 15.4%。本案例建筑围护结构本身的能耗水平及楼内运行调节状况良好。

# 6.4　总结

本案例通过对传统燃煤锅炉进行技术改造，在不改变基本系统和燃料形式的情况下，取得了较好的节能效果，最终经过实测分析，2019 ~ 2020 年供暖季综合建筑供暖指标为 18.5kgce/m$^2$，相比于相同地区的同种形式热源，低出了 28%。同时根据标准对标情况，在热源和输配系统方面能耗水平较高，但在建筑末端环节能耗水平较低。我国北方城市集中供暖仍存在大量传统燃煤锅炉供暖形式，特别是在严寒东北地区，冬季供暖时间比其他地区多出 2 个月左右，采暖需求巨大。城区内存在大量既有传统供热站，急需进行节能改造，但受限于场地成本等原因，无法从根本上改造为热电联产等高效形式，如何在有限的改造条件下达到最好的节能效果是关键所在。

图书在版编目（CIP）数据

建筑领域绿色低碳发展案例 / 周海珠，郭振伟，李晓萍主编；李以通等副主编 . —北京：中国建筑工业出版社，2022.8

ISBN 978-7-112-27519-9

Ⅰ . ①建… Ⅱ . ①周…②郭…③李…④李… Ⅲ . ①生态建筑—案例—中国 Ⅳ . ① TU-023

中国版本图书馆 CIP 数据核字（2022）第 099440 号

责任编辑：张幼平 费海玲 王延兵
责任校对：芦欣甜

建筑领域绿色低碳发展案例
主 编：周海珠 郭振伟 李晓萍
副主编：李以通 陈 晨 魏 兴 张成昱

\*

中国建筑工业出版社出版、发行（北京海淀三里河路9号）
各地新华书店、建筑书店经销
北京雅盈中佳图文设计公司制版
河北鹏润印刷有限公司印刷

\*

开本：787毫米×1092毫米 1/16 印张：$19\frac{1}{4}$ 字数：344千字
2022年8月第一版 2022年8月第一次印刷
定价：68.00元
ISBN 978-7-112-27519-9
　　（38999）